KB071660

아이의 공부 태도가 바뀌는
하루 한 줄 인문학

한 그루의 나무가 모여 푸른 숲을 이루듯이
청림의 책들은 삶을 풍요롭게 합니다.

아이의 공부 태도가 바뀌는 하루 한 줄 인문학

『아이를 위한 하루 한 줄 인문학』 '공부의 이유'편

김종원 지음

스스로 공부하는 아이를 만드는 하루 한 줄 인문학

프랑스에는 '투르 드 프랑스le Tour de France'라는 독특한 대회가 있다. 1903년에 창설된 프랑스 도로 일주 사이클 대회로, 매년 7월 무려 약 3주 동안 프랑스 전역과 인접 국가를 일주하는 경기다. 이런 대회가 있을 정도로 프랑스는 사이클에서 세계 최고의 실력을 발휘한다. 그런데 재미있는 사실은 프랑스 국민 역시 일상에서 자전거를 매우 자주 사용한다는 점이다. 이게 흥미로운 이유는 '일상의 체육'이 '경기의 결과'로 나온 사례이기 때문이다. 한국의 현실을 생각해보면 쉽게 이해할 수 있다. 한국에서 올림픽에 나가 메달을 따는 경기는 펜싱, 유도, 스피드 스케이팅, 역도, 양궁 등 일상에서 거의 하지 않는 것들이다. 반면에 일상에서 자주 즐기는 자전거 라이딩, 조깅, 축구, 농구 등의 종목에서는 아직 올림픽 메달을 기대하기 쉽지 않다. 이유가 뭘까? 한국의 운동은 일상의 체육이 아닌 소수만을 위한 엘리트 체육이기 때문이다. 그래서 유럽에 나가 대화를 나누면 유럽 사람들은 우리가 학교에서 따로 마련한 특별 공간에서 즐겁게 스피드 스케이팅을 타며 수업을 받는다고 생각한다. "너도 올림픽에 나오는 선수처럼 엄청난 속도로 멋지게 회전할 수 있는 거야?"라고 태연한 표정으로 묻는다. 우리에게는 말도 안 되는 이야기지만, 그들 입장에서는 그게 당연한 거다.

여기서 나는 한 가지 묻고 싶다. 당신이 생각하는 교육은 무엇인가? 교육 선진국, 그러니까 스스로 자신의 목표를 정하고, 하나를 배워서 열을 깨닫는 아이들이 가득한 나라에서는 일상의 즐거운 반복이 근사한 결과로 나타난다. 하지만 한국에서는 오직 결과만을 위해 살고, 그것도 선택을 받은 몇 명만 특정 위치에 오른다.

내가 말하고 싶은 공부는 우리가 일반적으로 말하는 공부와 조금 다르다. 일상이 곧 아이의 성장을 돕는 즐거운 공부로 이어지고, 그렇게 스스로 공부한 것이 자신의 길을 빛나게 할 좋은 결과로 이어지는 공부에 대해서 말하고 싶다. 정색을 하고 의자에 앉아 모두가 아는 지식을 머리에 주입하는 공부가 아닌, 공부를 하는 줄도 모른 채 자연스럽게 가장 빛나는 것을 스스로 발견하고 자신의 언어로 변환하여 '지성인의 삶'을 사는 아이로 키울 공부에 대해 말하고 싶다.

이번 책의 모체가 되는 『아이를 위한 하루 한 줄 인문학』에서 나는 아이가 앞으로 살아가며 필요한 생각과 태도에 대해 언급했다. 하지만 이 책 『아이의 공부 태도가 바뀌는 하루 한 줄 인문학』에서는 내 아이에게 올바른 공부 습관을 심어주는 방법, 아이를 지성인으로 키우는 공부에만 초점을 맞춰 이야기를 풀어갈 생각이다.

"교과서만 가지고 공부했어요."

글을 쓰기 전, 이 문장을 책상에 써서 붙이고 일주일 내내 사색했다. 언론과 방송에 나온 성적 우수자들이 얄미운 표정으로 말하는 공통된 말 중 하나다. 멀리 가지 않아도 그런 아이들은 주변에도 많다. 이상적인 말처럼 들릴 수도 있지만, 정말 그들은 교과서만 가지고 공부를 해도 최고의 성적을 낸다. 그 아이들이 천재라서 그런 걸까? 다시 생각해보자.

'교과서만 가지고 공부했다.'라는 말은 무엇을 의미하는 걸까? 그들의 삶에서 우리는 무엇을 배울 수 있을까? 수백 권의 참고서를 외워도 교과서만 가지고 공부한 아이들보다 성적이 나쁜 이유는 뭘까? 두 사람 사이에는 어떤 차이가 있는 걸까? 수많은 질문으로 일주일 내내 사색에 잠겼다. 그리고 마침내 이런 답을 찾았다.

말이 너무 많은 부모는 아이 입을 닫게 하고,

주관이 없는 부모는 아이를 흔들리게 하고,

강압적인 부모는 아이를 약하게 만든다.

아이의 모든 현재는 부모에게서 시작되었다. 아이가 공부하는 모습을 상상해보자. 아마 다들 비슷한 상황을 떠올릴 것이다. 의자에 앉아 스탠드를 켜고 허리를 굽혀 교과서를 진지하게 바라보며 때론 노트에 필기하며 암기하는 모습. 그렇게 매우 긴 시간 자세를 유지하면 공부를 잘하게 될까?

다시 이 말을 떠올려보자.

"교과서만 가지고 공부했어요."

어디에서 이런 힘이 나온 걸까? 그들은 하나를 보고 둘을 깨닫고, 방에 앉아 바깥의 풍경을 짐작할 수 있다. 기본 사실만 알려줘도 얼마든지 스스로 응용하여 배워야 할 것들을 차곡차곡 두뇌에 쌓을 수 있다.

내 아이를 그렇게 키우려면 어떻게 해야 할까? 답은 굽힌 허리를 펴는 데 있다. 허리를 굽혀 누군가 쓴 참고서와 모든 아이가 보고 외우는 교과서만 달달 읽는 삶에서 벗어나, 이제는 허리를 펴고 세계를 바라보아야 한다. 그러면 응용력은 저절로 길러진다.

아이가 세상으로 나가 자신이 궁금하게 생각하는 자연을 바라보고, 거기에서 시작된 호기심을 해결할 책을 읽고, 혼자 오랫동안 생각에 잠겨 시간을 보내고, 그 모든 상황을 거친 후에 알게 된 것을 사랑스러운 표정으로 부모에게 설명하는 모습을 상상해보라.

나는 지성인의 공부를 위해 필요한 덕목을 여섯 가지로 나누고, 그것을 각각 하나의 장으로 구성했다. 1부는 지성인의 공부를 위해 가장 먼저 필요한 덕목, '진리의 힘을 믿는 아이'다. 많은 부모가 자식의 지능과 재능을 걱정하지만, 진짜 걱정할 건 지능이 아니라 '진리를 사랑하는 마음'이다. 진리를 사랑하는 마음은 타고날 수 없으며 후천적으로 기를 수 있는 것 중에 가장 근사하게 빛나는 덕목이다. 진리를 사랑하는 마음만 갖고 있다면 모든 공부의 반은 이미 끝낸 것과 같다. 그것을 가진 아이는 공부하지 않을 수가 없기 때문이다.

2부에서 소개하는 덕목은 '공부 철학'이다. 철학은 어려운 게 아니다. 쉽게 말하면 삶의 원칙이라고 볼 수 있다. 그것이 필요한 이유는 쉽게 공부하기 위해서다. 어려운 공부는 공부가 아니다. 공부가 어렵게 느껴지는 이유는 자신이 원한 것이 아니기 때문이다. 하지만 공부에 대한 원칙이 분명히 서 있는 아이는 누구보다 쉽게 공부하며 즐겁기 때문에 중간에 멈추지 않는다. 그래서 2부에서는 '공부에 대한 원칙을 어떻게 세우고 체계를 잡을 것인가?'에 대한 문제를 논한다.

3부에서는 아이의 공부 지능이 발휘될 수 있는 '일상'에 대해 이야기한다. 공부는 일상에서 자연스럽게 이루어져야 한다. 긴장한 상태로 의자에 앉아서 하는 공부는 지식을 향한 아이들의 의지를 꺾는다. 아침에 일어나 밤에 잠들 때까지 보고 듣고 느낀 모든 것에서 가르침을 얻고 그것들을 서로 연결할 수 있어야 진짜 공부를 할 수 있다. 3부에서는 계획표를 세워서 공부하는 게 아닌, 사는 것 자체가 공부인 일상을 보내는 방법에 대한 이야기를 나눈다.

4부에는 '공부하는 두뇌'에 대해 소개한다. 하나를 배우면 동시에 열을 깨닫는 아이는 두뇌 자체가 다르다. 자존감, 관찰력, 읽고 쓰는 능력, 질문하는 방식과 섬세함이 다르다. 일상에서 쉽게 실천할 수 있는 '하루 한 줄 필사'로 아이들의 두뇌를 '지성인의 두뇌'로 바꿀 수 있다. 모든 가능성이 이미 아이 안에 존재한다는 생각으로 믿고 실천하면, 4부에서 내가 제안하는 방법으로 원하는 것을 이룰 수 있게 될 것이다.

5부는 '실천'에 대한 이야기를 담았다. 무언가를 배운다는 것은 그것에 대해 안다는 것을 의미하며, 안다는 것은 실천을 포함하고 있어야 한다. 실천이 없는 지식은 아직까지 나의 지식이라고 부를 수 없기 때문이다. 5부에서는 주도적으로 공부하는 아이, 배운 것을 일상에서 실천하며 모든 것을 나의 것으로 만들 수 있는 아이로 키우는 방법을 배운다.

마지막 6부에서 다루는 덕목은 '창조'와 '주관'이다. 이제는 개인의 힘이 중요한 시대다. 공부도 결국 혼자 하는 것이다. 6부에서는 혼자서 많은 것을 스스로 할 수 있는 아이로 키우는 법과 시시각각 변하는 세상에서 중심을 지키며, 사물의 숨은 가치를 발견하고, 창조적인 아이로 자라게 키울 수 있는 방법에 대해 전한다.

프랑스에서 발견한 '일상의 체육'이 '경기의 결과'로 나온 것처럼, 아이를 위한 모든 공부도 일상에서 시작해야 한다. 그것만이 아이를 위한 가장 근사한 결과로 나올 수 있다. 우리가 알고 있는 위인, 지성인들이 프랑스에서 많이 나온 이유도 이 지점에 있다. 과연 어떤 공부가 아이에게 더 멋진 영향을 미칠까? 나는 이렇게 답하고 싶다.

허리를 편 상태에서 배운 모든 것을 토대로
다시 허리를 굽혀 집중한 상태에서 교과서를 읽을 때,
그때 바로 교과서 하나면 충분한 공부를 할 수 있게 된다.
교과서가 대단해서 하나만 있으면 되는 게 아니라,
교과서 속 한 줄만으로도
수십 개의 영감과 공부할 것을 발견할 수 있는 수준에
도달했기 때문에 가능한 것이다.
그래야 공부가 즐겁고,
쉽고 빠르게 익히지만 누구보다 근사한 지성인의 삶을 살 수 있다.

지성인은 공평하지 않은 일상을 보낸다. 그 이유는 그들이 자기 자신에 대해서 성실하기 때문이다. 그래서 그들은 자신에게 주어지는 것보다 더 자주 공부할 기회를 만든다. 좋은 기회와 영감이 매일 그 사람에게만 찾아가는 것처럼 느껴지는 이유가 바로 거기에 있다.

이제, 그 멋진 삶을 소개한다.

김종원

철학, 과학, 예술 등에서 큰 업적을 남긴 대가들에게
"대체 좋은 부모는 누구입니까?"라고 물었다.
그들은 이렇게 답했다.
"행복할 때나 불행할 때나 먼저 아이를 살피는 사람이다."
"아이와 함께 괴로워하고 즐거워하는 방법을 아는 사람이다."
"아이에게 행복을 주겠다는 뜨거운 마음을
스스로 일으킬 줄 아는 사람이다."

부모는 많이 아는 사람이 아니라,
자주 안아주는 사람이다.
많은 지식을 전하는 사람이 아니라,
뜨거운 사랑을 전하는 사람이다.

많은 세상을 보여주는 사람이 아니라,
깊은 내면을 보여주는 사람이다.
원하는 것을 시키는 사람이 아니라,
원하는 모습을 향해 함께 달려가는 사람이다.

안아주고 사랑하며 아이의 내면에 접속할 때,
모든 부모는 아이 삶에 멋진 영향을 주는
세상에서 가장 근사한 스승이 될 수 있다.
아이를 위한 가장 훌륭한 스승은 부모다.

차례

철학
스스로 원칙을
세우고 공부하는
아이의 비밀
2부

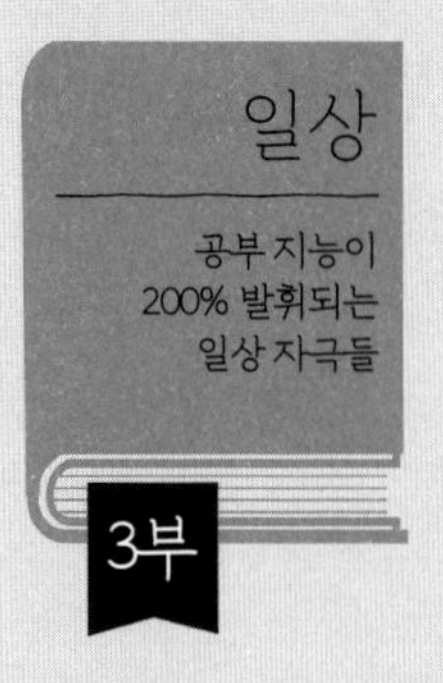
일상
공부 지능이
200% 발휘되는
일상 자극들
3부

두뇌
하나를 보면
열을 깨닫는
지성인의 조건
4부

실천
오늘 배운 것을
바로 활용하는 아이
5부

창조와 주관
따라가지 않고
주도하는 아이
6부

1부

진리의 힘

공부의 가치를 믿고 따르는 아이

아이에게 공부의 이유를 알려주는 방법

살아야 하는 이유를 아는 사람은 포기하지 않는다. 마찬가지로 공부해야 하는 이유를 아는 아이는 절대 배움을 포기하지 않는다. 포기하지 않는다는 것은 단순하게 멈추지 않는 행위를 말하는 게 아니다. 더욱 멋진 의미가 하나 있다. 바로 '스스로 배움을 추구하며 산다는 것'이다. 스스로 배움을 추구하는 아이는 하나를 보면 열을 깨우친다. 세상의 명령이 아닌 내면의 소리에 반응하며, 그때그때 느껴지는 미묘한 것을 발견할 수 있기 때문이다. 세상의 명령에 반응하는 아이는 이미 모두가 아는 하나의 답만 배울 수 있지만, 내면의 소리를 따르는 아이는 순간적으로 변하는 자연처럼 아무도 모르는 다양한 것을 깨우칠 수 있다. 지성인의 공부를 위한 첫 과정인 '공부의 가치를 믿고 따르는 아이' 파트에서는 다음 여섯 가지 사항을 부모가 잘 알고 있어야 필사를 통해 아이에게 공부의 이유를 제대로 설명할 수 있다. 여섯 가지 조언을 머리에 선명하게 그려질 때까지 반복해서 읽기를 권한다.

1. 감성과 이성을 적절히 제어하는 선택의 기술

세상에는 답이 없는 문제가 많다.

"길에서 구걸하는 사람에게 돈을 줘야 하나?"

이런 질문에 대한 답은 구하기 어렵다. 감성은 주라고 말하지만, 이성은 언제나 "저것도 하나의 직업이야. 일하기 싫어서 구걸하는 사람이 많은 거 알지?"라고 말하며 우리의 행동을 막기 때문이다. 이런 상황을 만날 때마다 자꾸 시간을 소비하며 더 나은 것이 무엇인지 고민하는데, 애매할 때는 빠르게 하나를 선택하고 행동하는 게 낫다.

"세상은 그렇게 말하지만 지금의 나는 돈을 드리고 싶다."

지나치게 감성적인 것도, 심각하게 이성적인 것도 좋지 않다. 어차피 고민의 시간이 길어진다고 더 좋은 답을 찾을 수 있는 건 아니기 때문이다. 아이가 애매함을 받아들이고 선명해지는 과정을 즐기게 하자. 그래야 감성과 이성을 적절히 제어할 줄 알게 된다.

2. 더 나은 해답을 찾는 일상

꼭 해야 할 일이 있을 때 잠들지 않기 위해 우리가 가장 먼저 하는 행동 중 하나는 커피를 준비하는 것이다. 하지만 아무리 커피를 마셔도 모니터 앞에서 계속 꾸벅꾸벅 졸게 된다. 나는 잠을 깨우기 위해 커피를 마시는 것보다 더 효과적인 방법을 하나 알고 있다. '커피를 자판에 쏟는 것'이다. 그럼, 고속도로에서 졸다가 겨우 사고의 순간을 피한 사람처럼 순식간에 잠이 깬다. 키보드 곳곳에 침투한 커피를 보면, 아마 잠을 자려고 해도 잘 수 없을 것이다. 하지만 "잠에서 깨려면 커피를 마시지 말고, 쏟아라." 이런 식의 접근은 지금 존재하는 방식에 길들여지지 않고 '분명 다른 방법이 있을 거야.'라고 생각하는 사람 머리에서만 나올 수 있다. 자신이 생각한 방법이 스스로 아무것도 아닌 것처럼 느껴진다고 망설이지 말고 늘 오랫동안 생각한 것을 부모에게 말하는 아이로 키우는 게 좋다. 부모도 아이가 말할 때 언제나 가장 진지한 표정으로 경청하려고 애를 써야 한다.

3. 시선을 창조하는 관점의 변화

공부는 무언가를 배우는 행위다. 그러나 새로운 지식을 배우는 것은 매우 사소한 일이다. 그것은 이미 수많은 사람이 동시에 배우고 있는 공통적인 지식이기 때문이다. 그걸 아는 순간 우리는 결국 "공평하지 않다."라고 외치며 경쟁의 늪에 빠지게 된다. 모두가 아는 것을 배우는 사람은 더 나아지기 위해 누구나 배울 수 있는 지식을 또 더 배워야 한다. 경쟁의 늪이다. 하지만 새롭게 바라볼 줄 아는 아이는 다르다. 누구도 침범할 수 없는 공부의 공간을 만들고 싶다면 호기심을 갖고 새로운 생각을 시험해보고 새로운 영감을 발견하는 과정이 필요하다. 새로운 지식을 배운 아이는 경쟁하지만, 새롭게 바라볼 줄 아는 아이는 세상에 오직 자기만 아는 지식을 쌓을 수 있다. 그는 경쟁하지 않고 누군가를 경쟁시키며 리드하는 사람으로 성장한다.

4. 경험한 것을 말해야 공부가 깊어진다

공부는 결국 실천이다. 예를 들어 "나는 다음 달부터 하루 3시간 정도 공부할 예정이다."라는 말을 하기보다는, "지난 달부터 하루 3시간 공부를 해봤다."라는 말을 해야 공부에 도움이 된다. 이유는 간단하다. 전자의 말은 미래의 행동을 그저 미리 말했을 뿐이지만, 후자는 과거부터 지금까지 지속한 행동을 말하는 것과 동시에 느낌과 과정에 대한 성과도 말할 수 있기 때문이다. 아이가 스스로 경험한 것을 말하게 하라. 그래야 사색과 공부의 깊이가 깊어진다. 이를테면, "지난 달부터 하루 3시간 공부를 하니 산책할 시간이 부족해진 것 같아. 이제부터는 2시간 30분 정도 공부에 투자하고 나머지 30분은 공부한 내용을 되새기며 30분 산책을 하는 게 좋을 것 같아."라고 실천과 동시에 더 나아갈 방법까지 말할 수 있게 된다.

5. 모든 지식을 나의 갈래로 연결하는 사색

남이 만든 지식을 배우기 위해서는 '주입'이 필요하고, 배운 지식을 내가 원하는 갈래로 연결하기 위해서는 사색이 필요하다. 주입식 교육은 암기를 필요로 한다. 암기는 사색보다 더 쉽게 지식을 나의 것으로 만들 수 있기 때문에 그만큼 빠르게 유혹에 빠진다. 그래서 그게 좋은 게 아니라는 것을 알지만 자꾸만 암기의 유혹에 지게 된다. 반면에 사색은 속도가 빠르지 않아 자꾸만 멈추게 된다. 하지만 시간이 지나 돌아보면 그 멈춤이 아무런 가치가 없는 순간이 아님을 알게 된다. 빠른 희망은 대개 거짓이다. 희망은 천천히, 그러나 포기하지 않고 길게 만들어 나가야 한다. 물론 힘들 것이다. 그럴 때마다 사색을 잊고 암기를 선택할 수도 있다. 하지만 이 말을 기억하라.

'돈은 사라져도 지식은 대를 잇는다.'

아이가 영원히 사라지지 않는 지식을 가슴에 품고 지성인의 삶을 살 수 있게 하자.

6. 공부를 향해 전진하는 아이로 만드는 꿈의 힘

한 유명 모델이 방송에서 매우 중요한 이야기를 했다. 그의 이야기에 내 의견을 더해 편집하면 이렇다.

"제가 광고 찍을 때 입었던 옷이 예뻐 보여서 여러분도 사셨는데, 볼 땐 예뻤던 옷이 직접 입으니 이상하시다고요? 그건 매우 당연한 일입니다. 당신이 예쁘지 않거나 살이 쪄서 그런 게 아닙니다. 광고에서 연출한 옷이 가볍게 바람에 날아가는 모습, 그게 그냥 나온 장면이 아니거든요. 저는 몇 시간 동안 옷을 날리며 바람을 기다렸습니다. 그런데 여러분은 그렇게 하지 않으시잖아요? 게다가 현실은 딱 예쁜 장면에서 멈춰주지 않으니까요."

우리는 어쩌면 자신의 꿈으로 가기 위한 삶을 연기하는 사람이다. 하나의 완벽한 장면을 만들기 위해 자꾸만 반복해서 연기하는 사람처럼 우리도 그렇게 일상을 보내야 한다. 연기자가 맡은 역할에 충실하듯, 우리도 추구하는 방향에 맞게 생각하고 움직이는 것이다. 그것이 나쁜 것만은 아니다. 연기자에게 대본이 있는 것처럼, 꿈을 가진 사람이 쓴 계획표 역시 '꿈을 위한 충실한 대본'이기 때문이다. 마지막으로 아래 글을 아이와 함께 읽고 필사하며, 꿈을 가슴에 품고 살아가는 게 얼마나 귀한 일인지 깨닫게 하자.

자신의 꿈을 쓴 대본을 펼쳐라.
그리고 그게 마치 현실인 것처럼,
꿈을 이룬 모습을 선명하게 눈앞에 그리자.
"에이, 너무 앞서 나가는 거 아냐?"
"좀 현실에 맞게 살아야지, 그건 거짓이잖아."
이런 주변의 이야기는 스치며 돌아서자.
내가 지금 공부하는 모든 것은
꿈을 이루기 위한 근사한 힘이 될 것이다.

책을 외우는 것은 매우 간단하다. 하지만 지금 고민하는 문제를 풀 수 있는 책을 골라서, 내게 도움이 되는 한 줄의 문장을 발견해서, 그것을 일상에서 실천할 방법을 찾아내는 것은 아무나 할 수 있는 일이 아니다. 이것을 해내야 지성인의 일상을 사는 사람이며, 지성인의 두뇌를 갖춘 사람이다. 위에 나열한 여섯 가지 조언을 가슴에 품고 내 아이에게 지성인의 두뇌를 전파할 일상의 나날을 시작하자.

아이가 책을 읽지 않아서 고민인 부모들에게

자녀교육을 주제로 한 강연에 가면 가장 자주 받는 질문 중 하나는 바로 이것이다.

"아이가 책을 잘 읽지 않아요, 어떻게 해야 하나요?"

비슷한 방식의 다른 질문도 있다.

"아무리 글을 쓰라고 해도 쓰지 않아요."

두 질문에는 몇 가지 특징이 있다. 물론 아이를 바라보는 부모의 간절하며 뜨거운 마음은 안다. 하지만 나는 질문 자체에 문제가 있다고 생각한다. 가령 아이가 책을 읽지 않으니 읽게 할 방법을 알려 달라는 부모에게는 이런 문제가 있다.

① 아이가 책을 읽지 않는다는 사실만 알고 있다.

② 강연이나 책을 통해 수많은 독서법을 배웠지만 아직 아이와 한 번도 실천한 적이 없다.

③ 묻고 읽기만 하지 그걸 일상에서 실천하지는 않는다.

아무리 글을 쓰라고 해도 쓰지 않는다고 안타까워하는 부모에게는 이런 문제가 있다.

① "글을 써라."라는 표현이 가장 큰 문제다. 아이의 문제는 강요로 해결할 수 없기 때문이다.

② 글을 쓰는 행위는 세상에서 가장 창조적인 일 중 하나인데, 그걸 단순하게 "글을 써라."라는 말로 가능하다고 생각하면 곤란하다. 쓰지 않는 아이가 아니라, 글을 대하는 부모의 태도가 문제다.

그들에게 "부모님은 책을 많이 읽으시나요? 혹시 하루에 글은 얼마나 쓰시나요?"라고 물으면 순간 표정이 변하면서 머리를 긁적이다가 "제가 그럴 시간이 없어요."라는 답이 나온다. 아이의 변명과 꼭 닮았다. 책을 읽고 글을 쓰라는 말에 아이들도 마찬가지로 이렇게 응수한다.

"아침에 나가서 이제 학원 끝나고 왔는데 좀 놀고 싶어요! 놀 시간도 없습니다."

접근 자체가 바뀌어야 한다. 아이에게 독서와 글쓰기를 시키려는 마음에서 벗어나 함께 하려는 마음으로 접근하자. 이런 방식이다.

'어떻게 하면 아이와 함께 책을 읽을 수 있을까?'

그럼 보이지 않던 실천 방법이 조금씩 모습을 드러낸다. 아래의 문장을 필사하고, 소리 내어 읽어보자.

1. 하루 30분 정도 시간을 내서 아이와 함께 책을 읽어보자.

2. 평일 30분은 아침 시간을 활용하고, 주말 30분은 드라마를 시청하는 시간에서 가져오자.

3. 같이 읽을 수 있는 책도 함께 고르면 더 좋겠지.

4. 다 읽고 느낀 부분을 글로 함께 쓰면 어떨까?

5. 그래. 주말에 30분을 더 투자해서 노트를 만들고 연필로 같이 글을 써보자.

강요만 하지 말고, 함께 실천하라

실천법이 나오지 않는 이유는 원하는 것을 아이에게만 시키려고 하기 때문이다. 모든 교육은 '함께 하려고' 할 때 그 힘을 발휘하고, 보이지 않던 길이 조금씩 보이며, 발견할 수 없었던 아이의 재능도 한 눈에 알아볼 수 있게 된다. 그리고 서로의 사랑으로 공부가 얼마나 즐거운지 깨닫게 될 것이다. 아이와 함께 아래 문장을 필사하자.

내가 사랑하지 않거나 나를 사랑하지 않는 것은
나에게 어떤 영향도 주지 못한다.
힘 없이 낙하하는 낙엽에게 배우려면,
낙엽을 사랑하는 마음으로 바라보자.
그럼 보인다.
싱그럽게 태어났지만 바짝 말라서 사라지는
낙엽의 피할 수 없는 숙명이.
우리는 사랑한 만큼 알게 되며,
그때 알게 되는 것은 사랑하기 전과 다르다.
사랑의 크기가 배움의 크기다.

사랑, 인정, 도덕성을 늘 기억하라

세상의 진리를 사랑하는 아이로 키우려면 부모는 다음 세 가지를 기억해야 한다.

하나는, '잘 배우려면 더 사랑해야 한다. 그리고 잘 가르치려면 먼저 사랑해야 한다.'라는 사실이다. 불과 기름은 음식의 맛을 내는 중요한 요소다. '의자도 튀기면 맛있다.'라는 말도 있는 것처럼, 불에 뜨겁게 달아오른 기름이 닿으면 모든 음식의 맛이 최고로 바뀐다. 그러나 이 조합에 반드시 필요한 게 하나 있으니 둘을 연결해주는 프라이팬이 바로 그것이다. 불과 기름은 지식이고, 프라이팬은 둘을 연결해주는 사랑이다. 사랑이 없으면 어떤 지식도 서로 만날 수 없다. 모든 것을 하나로 연결해주는 것은 오직 사랑 안에 존재한다. 그것은 인내의 끝과 포기를 모른다.

또 하나는 '자신의 무지를 인정하는 마음'이다. 사람이 자신의 무지를 인정하면 자주 세상에 경외감을 느끼게 된다. 마음이 겸허하기 때문이다. 아는 것이 많지 않다는 그 생각 자체가 우리를 겸허하게 하고 경탄하게 한다.

그리고 마지막 하나는 '도덕을 사랑하고 실천하는 마음'이다. 아이는 '도덕성'을 갖게 되면서, 거대한 태풍으로부터 자신을 지켜주는 강한 성을 가지게 된다. 세상은 언제나 배운 사람을 끌어내릴 준비를 하고 있다. 그래서 아무리 많이 배운 사람도 고귀한 도덕성이 없다면, 곧 태풍이 그를 둘러쌀 것이고, 오래 버티지 못하고 날아갈 것이다. 그래서 지식은 도덕이라는 대지에 뿌리지 않으면 쓸모가 없다. 도덕적인 삶과 지식이 만날 때 가장 빛나는 지성인의 삶을 살게 된다는 사실을 기억하자.

단순히 외우는 것이 아닌, 응용하는 공부

부모에게는 영원히 풀리지 않을 것처럼 마음을 답답하게 하는 질문 몇 가지가 있다.

"내 아이가 원하는 만큼의 성적을 받지 못하는 이유가 무엇일까?"

"배운 지식을 삶에 제대로 적용하지 못하는 이유는 무엇인가?"

"초등학교 때는 공부를 곧잘 했지만, 고학년으로 올라갈수록 성적이 떨어지는 이유는 뭘까?"

하지만 모든 문제에는 반드시 답이 있다. 위에 나열한 질문들도 모두 하나의 이유로 발생한 결과라고 볼 수 있다. 스스로 공부하는 아이는 평생 어떤 환경에서도 자기만의 공부를 하며 성장을 거듭한다. 다시 말해서, 일상에서 스스로 공부할 것을 찾고 의미를 부여하고 깨달음을 얻는 아이의 인생은 그렇게 살지 못하는 아이와 전혀 다르다. 일상의 공부가 제대로 이루어지지 않으면 아무리 배워도 잊는다. 받아들이지 못한다는 뜻이다. 그래서 언제나 강조하는 것처럼 '공부만' 잘하는 아이가 아닌, '공부도' 잘하는 아이가 되어야 한다.

한 가지 묻고 싶다. 나이는 어리지만 수학과 과학 등에서 기초에 강하다는 것은 무엇을 의미하는 걸까? 간혹 천재가 있을 수도 있겠지만, 다수의 천재가 아닌 아이들을 살펴보면 결국 '다 외웠다'는 말이다. 반대로 생각하면 기초에만 강하고 외우기만 한 아이들은 응용에 매우 취약하다. 아니, 거의 응용할 수 없는 삶을 산다. 기초 지식이 자연스럽게 외워질 정도로 매우 긴 시간을 투자해서 머리에 새겼기 때문이다. 하지만 그로 인해서 아이들은 '지식의 주인'이 아닌 '지식의 직원'으로 산다. 더 강하게 말하면, 지적 노예로 사는 삶을 시작하는 것이다. 외운 지식이 명령하는 대로 답을 말하고 쓰고 움직인다.

즐겁게 공부하는 아이로 키우는 법

일상에서 즐겁게 배우는 것이 바로 지식의 주인으로 사는 사람의 모습이다. 아래 글을 필사하며 아이가 자연스럽게 지식의 주인으로 사는 삶의 가치를 알게 하자.

그 땅을 소유한 사람이 아닌,
그 땅을 걷는 자가 그 땅의 주인이다.
그 음악을 만든 사람이 아닌,
그 음악을 즐기는 자가
그 음악의 주인이다.
공부도 마찬가지다.
지식을 머리에 주입하는 사람이 아닌,
지식을 일상에서 활용하며 즐기는 자가 지식의 주인이다.

위의 글을 충분히 필사했다면 이제 다음 글을 읽고 일상에서 암기보다는 자신의 생각으로 사물의 의미를 파악할 수 있게, 아이만의 시간을 허락하자.

1. 흥미를 자극하고 생각할 시간을 주자

이것은 영화와 드라마에서 자주 사용되는 기법이다. 다음 장면을 상상할 수 있게 힌트를 주고 시간을 약간 끌면서 시청자가 자꾸 상상하게 만드는 방식이다. 이를 통해 시청자들은 그 영화나 드라마를 좋아하는 사람들과 대화를 나누거나 스스로 반복해서 상상하면서 더욱 장면에 빠져들게 된다. 우리를 유혹하는 모든 콘텐츠는 결국 우리의 상상을 멈추지 않게 하는 것들이다.

2. 암기와 이해, 그 중간에서 균형을 찾자

기본이 되는 20%의 지식은 암기하고, 나머지 80%는 자신의 생각으로 의미를 파악하게 하자. 흥미를 자극하고, 배우려는 욕망을 스스로 느끼게 하고, 그것을 생각하는 시간을 충분히 가질 수 있게 해야 한다. 아이가 아직 중학교 3학년 이하라면 충분히 가능성이 있다. 고등학생이 되면 학교 교육과정으로 일상의 90% 이상을 소비해야 한다. 부모가 개입할 수 있는 절대적인 시간이 부족하다는 의미다. 하지만 초등학생 혹은 중학생이라면 아직 충분히 즐겁게 배우는 아이로 키울 가능성이 있다.

과거의 지혜를 내 것으로 만들기

한국은 역사적으로 매우 힘든 시간을 보냈다. 투쟁과 슬픔의 나날을 보내서 그런지 약자에 대한 배려와 애정이 각별하다. '앞에 가는 사람은 도둑놈, 뒤에 가는 사람은 경찰'이라는 말도 있다. 보통 힘이 센 사람을 '힘 센 놈'이라고 부르고, 반대로 약한 사람을 '약한 분'이라고 부른다. 다 그렇지는 않지만 모든 분야에서 지위가 높거나 돈이 많으면 '놈'이 되고, 가난하거나 낮은 지위의 사람은 '분'이 되는 경우가 자주 생긴다. 하지만 세상을 그렇게 이분법으로 나누면 아예 생각할 수 없는 일상을 보내게 된다. 겉만 보고 상황을 판단하게 되기 때문이다.

아이가 일상에서 어떤 문제를 겪을 때, 언제나 "왜 그렇게 생각하는 거지?" "다른 생각은 없을까?"라고 질문할 수 있어야 한다. 힘과 지위로 구분하지 않고 자신의 생각과 판단으로 구분할 수 있어야 한다. 지식의 주인으로 사는 지성인은 과거의 지식을 현재로 옮길 수 있어야 하는데, 아이는 세상의 판단이 아닌 자신의 의지로 지식을 구분하며, '지식을 적절하게 바꾸는 감각'을 갖게 된다. 시대에 맞는 지식으로 바꿀 수 없다면 수많은 지식을 알아도 지성인이라고 부를 수 없다. 과거의 지식을 '현재의 나의 지식'으로 바꿀 수 있어야 한다.

모든 교육은
가정에서 시작한다

한 아이에 대한 이야기를 들었다.

"쟤는 불성실하고 책임감이 없어."

"저러다가 나중에 뭘 하고 살지 걱정이야."

"책을 너무 안 읽어."

그리고 한 부모에 대한 이야기를 들었다.

"나의 존재에 대해 어떤 감정을 느끼고 있는지 모르겠어요."

"매일 잔소리를 하면서 날 힘들게 해요."

"드라마를 보다가 자꾸 내게 책 좀 읽으라고 해요."

예상했겠지만 두 사람은 가족이다. 아이는 부모에게, 부모는 아이에게 각자 이런 불만을 품고 있었다. 그런데 놀라운 사실은 개인적으로 만나 대화를 나눌 때는 이런 단점을 전혀 느끼지 못했다는 사실이다.

아이는 늘 약속 시간을 맞추려고 노력했고, 분명한 미래의 꿈이 있었으며, 꿈에 관한 책은 어떤 방법으로든 구해서 읽었다. 부모도 마찬가지다. 늘 아이를 생각하며 하루를 보냈으며, 드라마를 보며 책을 읽으라고 말한 것은 사실은 하루 종일 생각한 것을 참지 못하고 터뜨린 것이다. 내가 얻은 결론은 하나다.

'두 사람은 서로를 너무 모른다.'

아이에게 무언가를 가르치고 배우게 하고 싶은데 그 과정이 어렵고 힘들게만 느껴지는 이유는 서로를 너무 모르기 때문이다.

나는 최근 참 멋진 말을 하나 들었다. 이제 중학생이 된 아이가 개인 과외 수업 중 선생님에게 "너는 어디에서 공부할 때 가장 편안하니?"라는 질문을 받았다. 아이의 답을 듣기 위해 긴 시간이 필요하지 않았다. 아이는 분명한 음성으로 이렇게 말했다.

"저는 집에서 공부할 때가 가장 좋아요. 세상에서 집이 가장 따뜻하고 행복한 공간이니까요."

아이 얼굴에는 따스한 미소가 가득했다. 부모에게 이보다 큰 선물이 또 있을까? 아이와 부모 사이를 이보다 더 근사하게 표현할 말이 또 있을까? 아이가 집을 사랑하고, 집에서 가장 편안한 마음이 든다면, 결국 그 아이는 흔들리지 않고 자기 삶을 살게 될 것이다. 아이가 자기 집을 따뜻하게 생각하지 않고 자꾸만 다른 곳으로 피신하려고 한다면 그건 모두 부모의 잘못이다.

아이에게 완벽한 것을 바라지 마라

가정은 부모가 잘한다고, 혹은 아이의 재능이 뛰어나다고 바로 서는 게 아니다. 두 사람이 동시에 하나로 설 수 있어야 한다. 그래서 필사도 함께 하면서 마음을 나누는 게 좋다. 먼저 하나 묻는다.

"서로가 서로를 향한 마음을 모르는 이유가 뭘까?"

내가 찾은 가장 적절한 답은 이것 하나다.

"완벽한 것을 바라기 때문이다."

그리고 아래 글을 아이와 부모가 함께 필사하자.

부모는 아이에게 너무 완벽한 것을 바란다.
너무 강압적인 완벽으로의 충동은
타인의 장점이 아닌 단점으로 눈이 가게 만든다.
'저 부분만 보완하면 완벽할 텐데.'라는 욕심이,
이미 충분히 훌륭한 아이를 자꾸 힘들게 한다.
그래서 아이는 계속 부모를 오해한다.

부모도 아이도 완벽할 수 없다.

또 그럴 이유도 필요도 없다.

우리가 추구해야 할 완벽은 오직 하나다.

완벽하게 사랑하려는 마음.

서로를 향한 사랑을 서로가 느낀다면,

우리는 서로에게 가장 완벽한 존재다.

아이들은 자신에게 아낌없이 주는 부모의 말과 행동을 느끼며 저절로 깨우친다.

"무언가를 사랑하기 위해서는 어떤 책임이 필요하구나."

사랑은 대가 없이 주는 것이지만, 최선을 다해 배워야 얻을 수 있는 것이기도 하다. 그래서 아이들은 어릴 때부터 노력한다. 아니, '공부'한다. 부모와 눈을 맞추고, 부모의 눈이 바라보는 곳을 찾고, 거기에 무엇이 있는지 발견하려고 애를 쓴다. 아이들은 바닥을 기어 다닐 때부터 부모를 공부한다. 이유는 간단하다. 서로가 사랑하기 때문이다. 가장 숭고한 사랑은 그냥 이루어지지 않는다. 서로를 바라보며 사랑하는 만큼 서로에 대해 공부하며 더 좋은 관계를 만들어 나간다. 세상을 다 가진 것처럼 기쁜 얼굴로 당신에게 다가와 외치던 아이의 말을 기억하는가?

"엄마 나 이제 혼자 머리 감을 수 있어요."

"이 옷 제가 옷장에서 직접 꺼내 입었어요, 어때요? 저 잘했죠?"

"숙제 하라고 말하지 않으셨지만, 제가 알아서 이미 다 했어요."

학교에서 돌아오자마자 화장실을 가야 한다는 사실조차 잊고, 가장 먼저 부모를 찾아 기쁨이 가득한 눈으로 "저 받아쓰기 다 맞았어요!"라고 말하던 아이의 맑은 눈빛, 그 모든 것은 사랑하는 부모에게 잘 보이고 싶고 인정을 받기 위해 공부한 아이의 나날들인 것이다.

고통을 주는 교육은 공부 효과를 떨어뜨린다

아이들의 성적이 떨어지거나 너무 놀기만 하는 것처럼 보이면 부모는 가장 먼저 이런 생각을 한다.

'학원을 바꿔야 하나?'

'학원을 몇 개 더 보내야 하나?'

냉정하게 말해서 아이에게 더 심한 고통을 주려고 한다. 모든 공부 문제를 고통으로 해결하려고 하면 결국 나중에는 상상할 수 없는 부작용이 생긴다.

왜 사랑스러운 그대의 아이를 아프게 하려고 하는가? 고통은 비난과 같다. 비난은 다른 방안이 없을 때 쉽게 꺼내 쓸 수 있는 만병통치약이다. 사랑한다면 내 아이만을 위한 단 하나의 처방이 생각날 때까지 더 생각해야 한다. 고통을 주는 교육은 주입식 교육을 더욱 자극할 뿐이다. 고통이 느껴져야 움직이는 아이는 즐겁게 공부하는 기분을 알 수 없다. 좋은 말과 선명한 목표가 아닌, 더 심한 말과 강한 채찍을 휘두를 때만 움직이는 노예처럼, 아이는 고통에 익숙한 삶을 살게 된다. 그래서 더욱 가정의 역할이 중요하다. 이 글을 기도하듯 읽고 필사하며 아이의 예쁜 얼굴을 떠올려보자.

공부하는 아이의 방을 밝히는 건 스탠드 불빛이지만,
아이 안에서 공부를 향한 마음의 빛을 밝히는 건
부모를 향한 사랑이다.
부모의 충분한 사랑을 받고 있다는 사실을 알 때,
아이는 스스로 책상에 앉아 무언가를 배운다.
그게 내가 생각하는 가장 거룩한 공부다.

혼자서 배우는 아이로 만드는 네 가지 방법

아이 혼자 생각할 수 있는 고독한 시간을 줘야 한다는 사실은 이미 많은 사람이 알고 있는 사실이다. 혼자 있는 시간의 힘은 강하다. 하지만 문제는 방법이다. 어른도 혼자 있는 시간을 견디기 힘들다. 또한, 적합한 장소도 쉽게 구하기 힘들다. 아이 입장에서는 늘 사람들과 더불어 지내며 시끄러운 장소에 익숙하다가 갑자기 조용한 혼자의 시간을 갖는다는 것이 불편하고 이상하게 느껴질 것이다. 유일한 방법이자 가장 현명한 방법은 단 하나다. 부모가 스스로 그 공간이 되어 주는 것이다.

1. 먼저 내면을 평온하게 만들라

두 단어를 기억하자. 바로 '침착'과 '고요'다. 침착이란 모든 일을 할 때 너무 빠르지도 느리지도 않게 일을 진행하는 능력을 말하고, '고요'란 혼자 있는 시간 동안 타인과 세상의 눈치와 영향을 받지 않겠다는 의지를 말한다. 능력과 의지만 있다면 누구든 내면의 평온을 찾을 수 있다. 주변을 전혀 의식하지 않고 매일 30분 산책을 해보라. 의식하며 걷지 말고, 눈치 보며 경로를 바꾸지 말고, 자신의 길을 내면이 이끄는 대로 가라. 거기에서 진정한 자유가 느껴진다면, 혼자 걷는 것이 즐겁다는 사실을 알게 되었다면 이제 아이에게 가자.

2. 아이에게 조심스럽게 다가가라

아이에게 다가가는 방법은 간단하다. 아이와 함께 나무 앞으로 가서 가만히 나무를 바라보자. 책을 볼 수도 있고 음악을 감상할 수도 있지만, 그건 매우 정적인 행동이라 쉽지 않으므로 처음에는 함께 나가 자연을 관찰하는 게 좋다. 부모 자신이 과거와 달라졌다는 것을 아이가 느낄 수 있게 하자. 5분 이상 나무 하나를 바라보며 시간을 보낼 수 있다는 사실을 깨닫게 하자. 물론 부모가 처음 내면의 평온을 찾기 힘들었던 것처럼 소음과 빠르기에 익숙한 아이의 변화도 쉽지 않다. 하지만 내면의 평온을 찾은 부모는 흔들리지 않는다. 여기에서 만약 흔들린다면 다시 처음으로 돌아가 내면의 진정한 평화를 찾고 돌아오는 게 낫다. 부모가 완벽할 정도로 중심을 잡지 못하면 아이의 변화도 이루어지지 않기 때문이다.

3. 이름을 붙이지 말고 그저 보게 하라

4. 아이가 조용히 머물 수 있는 방법을 찾아라

혼자서 배우는 아이로 만드는 네 가지 방법 중, 나머지 3번과 4번은는 각각 '아이의 동기부여 문장 필사'와 '부모의 교육 포인트'에서 더 이야기해보도록 하겠다.

이름을 붙이지 말고 그저 보게 하라

혼자서 배우는 아이로 만드는 세 번째 방법은 아이와 함께 소리 내어 읽으며 필사하는 게 좋다.

이름을 붙이지 말고 그저 보게 하라

혼자 있는 시간은 결론을 내는 시간이 아니다. 같은 공간에 있지만 다른 사람과 다른 것을 바라볼 힘을 주고 거기에서 스스로 깨달음을 얻게 해야 한다. 그러기 위해서는 어떤 것이 좋다고 말하지도 멋지다고 말하지도 말라. 그럼 아이들은 부모가 지정한 하나를 제외한 모든 것을 나쁘고 멋지지 않다고 결론을 낸다. 아이가 혼자서 스스로 바라보며 생각할 수 있게 그저 옆에 존재하기만 하면 된다. 아이가 "저건 이상하네." "저런 행동은 참 바보 같네."라고 말하면 그저 듣기만 하라. 단지 내 아이가 어떻게 생각하고 말하는지 바라보라. 그것만으로 충분하다. 그 과정을 거치며 아이는 같은 곳에서 다른 것을 발견하는 방법을 배운다.

아이가 조용히 머물 수 있는 방법을 찾아라

혼자서 배우는 아이로 만드는 네 번째 방법은 바로 아이가 조용히 머물 수 있게 하는 것이다.

조용히 혼자 무언가를 알기 위해 내면과 대화하는 시간을 보내는 아이, 그 모습을 생각만 해도 참 근사하다. 그 멋진 모습을 보기 위해서 가장 중요한 것이 공간을 찾는 것이다.

핵심은 어느 공간에서도 조용히 머물 수 있어야 한다는 것이다. 이를 위해서는 부모의 역할이 매우 중요하다. 매우 당연한 말이지만 아이를 타인과 비교하지 말자. 성적이 조금 더 좋은 친구, 친구 관계가 좋은 친구, 성격이 활발한 친구 등으로 기준을 나눠서 그들과 어느 한 부분을 비교하며 아이를 자극하지 말자.

부모를 누구보다 사랑하는 아이들은 그런 부모의 기대에 부응하기 위해 자신을 억누르고 거짓 일상을 보낼 것이다. 그렇게 아이는 자신을 잃고 내면의 소리가 아닌 부모의 말에 부응하며 사는 삶을 살게 된다.

아이의 삶을 살게 하라. 그럼 아이는 타인의 소리가 아닌 내면이 외치는 소리에 귀를 기울이며 사는 법을 깨닫게 될 것이다. 자신과 사는 아이는 어느 공간에서도 자기 자신과 머물며 잘 지낼 줄 안다.

아이가 혼자 있을 수 있는 가장 좋은 장소는 '부모'라는 방이다. 부모는 아이에게 가장 순결하고 평온한 공간이 되어야 한다. 둘이 함께 존재하며 아이는 혼자 있는 시간의 힘을 절실하게 느끼게 될 것이며 동시에 그것을 자기 삶에 연결할 방법도 찾게 될 것이다. 모든 것은 부모에게 달려 있다.

아이에게 강요한 것을 부모도 지키고 있는가

"학교에서 선생님 말씀 잘 들어야 한다."

"친구랑 싸우지 말고 늘 먼저 배려해야 한다."

아이들이 거의 매일 듣는 말이다. 물론 선생님을 존경하는 마음과 친구와 사이 좋게 지내는 품성은 매우 중요하다. 하지만 간혹 다른 문제로 원칙이 변하기도 한다. 친구를 배려하는 품성을 강조하던 부모도, 아이가 친구에게 맞고 돌아온 날에는 돌변해서 "너도 참지 말고 때려!"라며 소리를 지른다. 무엇이 부모의 진심일까? 아이 입장에서는 혼란스럽다. 친구에게도 맞고, 집에 돌아와 부모의 격한 말에도 맞아, 두 번 아픈 상황에 어디로 가야 할지 방향도 제대로 잡지 못했기 때문이다. 사실 부모도 마찬가지다. 배려해야 하나, 분노해야 하나, 먼저 때려야 하나 고민스럽다. 문제가 복잡하면 방법은 의외로 간단하다. 그럴 때는 부모가 먼저 자신에게 질문하자.

'학교에서 선생님 말씀을 잘 들어야 한다고 말한 것은 누구를 위한 것인가?'

'친구와 싸우지 말고 늘 먼저 배려해야 한다고 말한 것은 누구를 위한 것인가?'

진실로 아이를 위한 것인가, 혹은 아이를 그렇게 키워서 주변 사람들에게 나쁜 이야기를 듣지 않고 잘 키웠다는 소리를 듣기 위한 것인가? 압축하면 이렇다.

'아이를 위한 것인가, 부모 자신을 위한 것인가?'

규칙을 지키라는 말, 사이 좋게 지내라는 말, 배려를 실천하라는 말, 그 모든 말은 과연 누구를 위한 말이었는가? 그리고 마지막으로 자신에게 하나 더 묻고 필사하자.

나는 아이에게 강요한 말을 일상에서 지키고 있는가?

아이 스스로 삶의 목적을 세우게 하자

우리가 세상의 소리에 흔들리는 이유는 삶의 목적이 없기 때문이다. 분명한 삶의 목적이 있는 사람은 흔들릴 수가 없다. 다만 자신이 스스로 정한 삶의 목적이어야만 한다. 배려와 경청, 도덕 등 귀한 품성은 반드시 가져야 하는 것들이다. 하지만 아이의 일상과 부모의 일상에서 혼란이 일어나는 이유는, 그것들은 세상이 정한 가치일 뿐 부모와 아이가 정한 원칙이 아니기 때문이다. 아이가 스스로 자신의 삶의 목적을 세우게 하자. 그래야 문제가 생길 때마다 아이가 스스로 판단하고 가장 현명하게 결정할 수 있다. 아래 글을 필사하며 아이의 생각을 자극하면 삶의 기준을 세우는 데 도움이 된다.

하루를 아무런 기준 없이 바라보면 그저 다 같은 하루이지만,
밝기로 나누면 낮과 밤으로,
시간으로 나누면 24시간으로 나눌 수 있습니다.
그냥 무심코 바라보면 아무 것도 아닌 것처럼 느껴지지만,
목적을 갖고 바라보면 다릅니다.
나의 목적이 사물을 의미 있게 만듭니다.

최고의 해답을 찾는 아이의 생각법

삶의 목적을 찾고 그것을 추구하는 일이 매우 중요하다는 사실은 많은 부모가 알고 있다. 하지만 "삶의 목적이 똑똑한 아이와 무슨 연관이 있냐?"라고 묻는 부모도 있을 거다. 앞에 언급했지만 스스로 삶의 목적을 정한 아이는 일상에서 자기 원칙을 실천하며 자꾸만 더 생각하게 된다. 선생님과의 관계에서, 친구와의 소통에서, 부모님과의의 대화에서 어긋나는 일이 생길 때마다 자신의 삶의 목적 안에서 풀어내기 위해 분투한다.

이건 매우 중요한 부분이다. 생각을 반복하는 것은 세상에서 가장 힘든 일 중 하나이기 때문이다. 그리고 하나의 원칙을 정한 후에 거기에 맞춰 생각을 반복하며 답을 찾아내는 것은 훨씬 더 힘들다. 아이는 더 나은 답을 찾기 위해 일상에서 멈추지 않고 생각하게 될 것이며, 저절로 현명한 아이로 성장하게 된다.

내 아이는 지금 제대로 배우고 있는가?

B 10대 초반 아이들이 마음에 들지 않는다고 친구를 때려 죽이고, 단체로 구타를 해서 집단 안에서 바보로 만드는 일이 종종 일어나고 있다. 매일 상상하기도 힘든 잔혹한 일이 어린 아이들 손에서 시작하고 있으며 아이들의 도덕적 자각이 빠르게 붕괴되고 있다. 그 아이들을 하나로 묶어 이유를 발견할 수는 없겠지만, 공통점을 찾는다면 '공부를 재미없고 지루한 일로 생각하며 자꾸만 벗어나려고 한다는 점'을 들 수 있다. 모든 결과에는 시작이 있고, 시작에는 반드시 이유가 있다. 이유가 뭘까?

학원이나 학교에서 그리고 집에서 많은 시간을 공부에 투자하고 있지만, 제대로 배우고 있지 않기 때문이다. "하루 4시간 이상 자면 원하는 대학을 갈 수 없다."라는 말에 대해서 어떻게 생각하는가? 모든 시험에 허수가 있는 것처럼 아이들이 공부하는 시간도 헛되게 보내는 시간이 절반 이상이다. 그게 아니라면 10년 넘게 그것도 매일 몇 시간을 영어에 투자하는데, 죽을 때까지 영어 하나 정복하지 못하는 현실을 설명할 수 없다. 더 심하게 말하면 하루 10시간 공부를 한다고 말은 하지만 그 질과 깊이를 보면 하루 10분도 공부하지 않는 아이도 있다.

"의자에 앉아 있는 시간은 길지만 성적은 오르지 않네요."

"학원을 그렇게 많이 다니는데, 성적은 왜 늘 평균 이하일까요?"

이런 상황이라면 아이들은 그저 앉아 있다가 일어서는 과정만 반복하고 있을 가능성이 높다. 공부하는 장소에 존재하지만, 그저 몸만 오가는 것이다.

아이의 공부를 위한 부모의 기도

공부는 단순하게 성적과 진학을 위한 도구가 아니다. 그 관점에서 벗어나, 아이가 가진 모든 재능의 조화로운 발달에 그 목적이 있다는 사실을 깨달아야 한다. 그런 의미에서 부모가 먼저 아래 글을 필사하자. 짧은 글이지만 깊은 호흡으로 단어 하나를 쓸 때마다 발음하며 정성을 다해 필사하자.

내 아이가 공부를 하는 이유는

진실과 거짓, 정의와 도덕, 일상의 기품, 지식과 도덕 등

살면서 반드시 필요한 것들의 균형을

가장 적절하게 맞추기 위해서다.

이건 매우 중요한 부분이다. 공부의 목적을 알아야 과정을 견딜 수 있고, 시작부터 위대할 수 있다. 아이에게는 다음 글을 필사하게 하자. 이 글에는 특별히 제목이 있다. 나를 사랑하는 부모의 마음을 느낄 수 있어야 하므로, '내 아이를 위한 부모의 기도'라는 제목을 기억하며 필사하도록 하자.

내 아이를 위한 부모의 기도

네 앞에 보이는 모든 생명은 배움의 대상이란다.
먼저 이 말을 들려주고 싶다.
세상에 쓸모 없는 것은 하나도 없다.
단지 인간이 제대로 역할을 정해주지 못했을 뿐이니까.
무언가를 바라보며 배운다는 것은 하나의 세계를 창조하는 일이며,
그것을 실천하는 것은 네 안에 세계를 이식하는 일이란다.
하지만 이제 막 배움을 시작한 너에게 배움이란
결과를 내야 하는 목표가 아니라 과정이어야 한다.
결과를 내야 한다는 생각은 배움을 하나의 과목으로 생각하게 하며,
흥미를 잃고 다시는 바라보지 않게 될 수도 있다.

너무 높은 곳에 배움을 두지 말자.
자주 갈 수 있는 동네에 있는 공원이라고 생각하자.
그래야 쉽게 접하고 실천할 수 있으니까.
너는 세상의 모든 가능성이 네 안에 있음을 잊지 말아야 한다.
너의 그림자의 크기는 네 키가 결정하지만,
너의 삶의 크기는 배움의 키가 결정한단다.
네가 배울 수 있는 반경이 네 삶의 크기다.

사랑해야 가르칠 수 있다

내가 대학에서 논술 시험 문제를 낸다면 이런 주제로 쓰게 하고 싶다.

"도덕은 내 삶에 어떤 영향을 주는가?"

"왜 모든 생명을 존중하고 사랑해야 하는가?"

이런 교육을 학교와 학원에 적용시키는 것은 현실적으로 어려울 수 있다. 그래서 가정에서의 교육이 중요하다. 세상에서는 불가능하지만, 집에서는 가능하기 때문이다. 부모 자신이 매일 저 문제를 시험으로 풀고 있다고 생각하며 거기에 맞는 말과 행동을 아이에게 하라. 아이에게 풀라고 하지 말고, 부모가 일상에서 풀어가는 모습을 생생하게 보여주자. 가르치는 건 사랑을 보여주는 일이고, 배우는 건 사랑을 받아들이는 일이다. 그리고 변화는 모든 공부의 끝이다. 사랑해야 가르칠 수 있고, 존경해야 그 사랑을 내 안에 담을 수 있다. 그렇게 한 사람이 아름답게 성장한다. 도덕성이 작동하지 않는 사람은 동물이다. 사랑하자, 그리고 공존하며 조화를 이루자. 그것만이 인간과 동물을 구분할 수 있는 가치니까.

배움을 습관으로 실천하게 하는 법

배우면 성장한다는 사실은 누구나 아는 사실이다. 문제는 그걸 습관으로 만들기가 매우 어렵다는 사실이다. 하지만 부모라면 아이에게 배우는 습관을 실천할 수 있게 하겠다는 의지를 꺾지 않아야 한다. 세상의 모든 어려운 것들은 다른 것보다 귀하며, 고통을 감수하며 얻을 가치가 충분하기 때문이다.

처음부터 하나하나 시작해보자. 배우는 습관은 어디에서 시작할까? 가르치는 일상에서 시작한다. 지금은 배우는 걸 싫어하는 모든 성인도 어릴 때는 배우는 걸 좋아했다. 자신의 어린 시절을 회상해보라. 아이들은 자전거를 처음 본 날 바퀴가 굴러가는 매우 당연한 모습을 보면서도 신기해서 바라보고, 자신이 본 것을 부모에게 와서 세상에서 가장 신기한 장면을 봤다는 표정으로 웃으며 말한다. 어른 입장에서는 매우 사소한 것도, 그걸 처음 보는 아이에게는 매우 새롭고, 알게 된 것을 부모에게 와서 자세하게 설명한다. 만약 아이가 "엄마, 내가 신기한 사실을 하나 발견했어. 뭔지 알아? 아마 상상도 하지 못할 거야. 종이를 물에 넣었다가 꺼내니 쭈글쭈글해졌어."라고 말하며 당신에게 다가오면 뭐라고 답할 생각인가? 그때 아이에게 "그 당연한 사실을 이제 알았어?"라고 말하거나, "엄마 지금 일하는 거 안 보이니?" "종이 아깝게 쓸데없는 짓 그만해라."라고 말하면 아이의 모든 배움은 습관이 될 수 없다. 배움을 습관으로 만들어주기 위해서는 배움은 흥미로운 것이며, 그것을 부모에게 설명할 때 가장 즐거운 일이라는 사실을 아이가 자각하게 해야 한다.

아이의 첫 발견을 칭찬하라

부모에게는 사소한 것들이 아이에게는 신비하기만 하다. 세상에 태어나 자신이 처음 발견한 사실이라고 생각하며 가장 사랑하는 부모님께 가서 설명했는데, 부모가 그걸 받아주지 않으면 아이가 얼마나 큰 상처를 받을까? 아이에게 배우는 습관을 들이기 위해서는 아는 것을 가르치는 습관을 먼저 들여야 하고, 부모는 그것을 제대로 받아줘야 한다. 아래 글을 함께 필사하며 배우는 것과 가르치는 것이 무엇인지 대화해보자.

남이 생각한 지식을 배우는 것도 중요하지만,
그냥 암기하거나 읽는 것은 별 의미가 없습니다.
지식을 나의 것으로 만들어야 의미가 있으니까요.
그래서 내가 발견한 지식을 타인에게 설명하는 시간이 필요합니다.
나만 아는 지식을 설명하면 그것은 나의 지식이 되니까요.

그러면 세상에는 배울 게 참 많다는 사실을 알게 되고,
저절로 배우는 모든 과정을 습관으로 만들게 됩니다.

공부의 범위를 한정하지 마라

세상에 가르치고 그것을 배우는 것만큼 귀한 건 없다. 그 두 가지가 이 세상을 만들었기 때문이다. 다만, 한계를 정하지 말고 아이를 바라보자. 세상에 존재하는 학문과 학교에서 배우는 과목은 몇 개로 정해져 있다. 그러나 그것을 배우는 방법은 수만 가지가 넘는다. 그것이 바로 한계를 정하지 말아야 할 이유다. "모든 학생은 이 공식으로 공부해야 한다."라고 생각하는 순간, 고통이 시작된다. 자신에게 딱 맞는 방법을 찾아야 한다. 그래야 즐겁게 공부할 수 있다.

타고난 재산은 우리에게 자유롭게 선택할 기회를 준다. 하지만 그런 사람을 앞지를 수 있는 방법이 하나 있으니, 바로 배움을 추구하는 습관을 가지는 것이다. 대문호 괴테는 이렇게 말한다.

"어디에서도 배울 수 있는 사람은 수많은 곳에 자신의 집을 마련한 사람이다. 또한, 자연 곳곳에 보석을 숨겨 놓은 사람이다. 어느 자리에서도 주인으로 살며 어떤 환경에서도 빛나는 것을 깨닫기 때문이다."

그의 말처럼 배우는 자는 고귀한 사람이다. 고귀한 사람은 사람들의 찬사를 받는다. 또한, 온갖 호의와 신뢰를 받는다. 그 이유는 사람들의 좋은 부분을 발견하는 그들의 특징 때문이다. 사람은 누구나 자신의 좋은 부분을 발견하고, 그것에 대해 칭찬하며 희망을 키워주는 사람을 따른다. 타인의 훌륭한 부분을 발견해서 격려해줄 수 있는 사람이 되고 싶다면, 매일 자신의 일상에서 배움을 추구하라. 배우는 자만이 사물과 사람에게서 무언가를 발견할 수 있다.

2부

철학

스스로 원칙을 세우고 공부하는 아이의 비밀

공부 환경을 갖춘 가정의 여섯 가지 특징

보기만 해도 '좋은 집안에서 그에 합당한 교육을 받으며 귀하게 자랐구나.'라는 생각이 들며, 동시에 인성까지 완벽하게 좋은 사람이 있다. 자식이 있으면 소개해주고 싶고, 나이가 맞으면 친구가 되고 싶고, 그도 아니면 삶의 스승으로 여기며 교류하고 싶은 사람이다.

그런데 아주 가끔은 세상의 기준으로 볼 때 좋은 집안도 아니고, 최고의 교육도 받지 않았지만 귀하게 느껴지며 인성도 좋은 사람이 있다. 나는 후자의 삶에 깊은 관심을 갖고 많은 시간 그들을 연구했다. 기품과 인성은 반드시 후천적으로 가질 수 있는 능력이라고 생각하기 때문이다. 내가 발견한 그들의 특징을 간단하게 나열하면 이렇다. 부모와 아이가 함께 각 항목에 대한 이야기를 나누며 읽으면 더 좋다.

1. 조금 더 침착해라

침착한 사람에게는 특권이 하나 있다. '진짜 실력을 보여줄 수 있다는 것'이다. "저는 성격상 차분하지 않아요."라는 변명으로 피하기에는, 차분한 태도는 매우 귀한 삶의 자세다. 스스로 공기의 일부가 된다고 생각하며, 의도적으로 차분해지려고 노력하자. 안개처럼 가라앉아 공기처럼 세상의 일부라고 생각하자.

2. 공공 장소에서 분노하지 말자

사람을 가장 볼품없게 만드는 분노는, 거리에서 혹은 사람이 많이 모인 곳에서 소리를 지르며 소통하지 않고 일방적으로 말하는 것이다. 그 사람이 무슨 옳은 소리를 지르든, 듣는 사람에게는 "나는 정말 경박한 사람입니다."라는 소리만 들린다. 아무리 자신이 옳아도 공공 장소에서는 단지 소음일 뿐이다. 스스로 수준을 낮추지 말라.

3. 감정의 변화 주기를 길게 만들자

감정 변화가 매우 자주 일어나며 바뀌는 사람이 있다. 기분이 좋았다가 금방 나빠지기를 반복하기 때문에 주변 사람이 도저히 그의 기분을 받아들일 수가 없다. 예상할 수 없는 생각은 독보적인 창조로 이어지지만, 예상할 수 없는 감정의 '부정적인 변화'는 자신을 망치는 망조로 이어진다. 자기 감정을 제어할 수 있는 사람이 되어라.

4. 두 번 듣고 한 번 말하자

단체 생활에서 혼자만 유독 말이 많은 사람을 보면 구성원들은 절로 '뭐야, 혼자 말하려고 그러나?' '다시는 같이 만나면 안 되겠네.' 이런 생각이 든다. 말은 반드시 필요하다. 하지만 아무리 많은 사람에 둘러싸여 있어도 듣기보다 말하기에 집중하는 사람은 반드시 티가 난다. 우리는 말하며 배운 것을 전할 수 있다. 반대로 생각하면 우리는 들으며 상대가 어렵게 배운 것을 쉽게 가질 수 있다. 더 많이 말하면 지식은 가난해지고, 반대로 더 자주 들으면 풍부해진다.

5. 차분하게, 더 차분하게

침착과 차분은 다르다. 침착은 어떤 일을 할 때 필요한 자세이고, 차분은 무언가를 지켜보거나 사색할 때 필요한 덕목이다. "침착하게 사색하자."라고 말하지 않고 "차분하게 사색하자."라고 말하는 것이 바로 그 이유다. 대상에서 무언가를 발견하기 위해서는, 향기든 느낌이든 대상이 움직일 때를 기다려야 한다. 그래서 반드시 차분해야 관찰과 몰입, 사색이 모두 가능하다. 우리는 세상이 주는 영감을 차분한 만큼 가져갈 수 있다.

6. 자신의 가치를 아는 사람이 되어라

마지막이자 지금까지 나열한 여섯 가지 사항을 실천하기 위해 근본적으로 필요한 항목이다. 자기 가치를 아는 사람은 흔들리거나 쉽게 휩쓸리지 않는다. 소신이 있지만 유연하고, 목표가 있지만 강요하지 않는다. 때문에 기품과 인성을 모두 지킬 수 있다. 자신의 가치를 매일 기억하라. 가치를 아는 사람만이 가치를 지킬 수 있다.

아이들에게 돈과 권력, 좋은 환경을 물려주면 물론 좋지만, 가장 좋은 선물은 '만질 수는 없지만 눈에는 선명하게 보이는 것'들이다. 기품과 인성은 만질 수 없지만 잠시만 마주해도 선명하게 보인다. 또한, 돈과 명예는 숨길 수 있지만, 기품과 인성은 숨길 수 없어 아무리 숨어서 인기척을 내지 않아도 스스로 빛을 내며, 세상의 가장 바깥에 버려져도 사람들의 요청으로 중심에 서게 된다.

내가 이 글을 쓴 이유는 단지 좋은 집안에서 귀한 교육을 받고, 인성까지 올바른 사람으로 보이기 위함이 아니다. 차분하게 세상을 바라보며 가장 근사한 무엇을 추구하는 그 모습이, 이 멋진 생명을 가진 인간으로 살아가고 있다는 것에 대한 최소한의 예의라고 생각하기 때문이다.

아이라는 생명은 참으로 근사하다

그대의 하나뿐인 생명이라 더 그렇다.

분노를 제어할 줄 아는 아이는 철학을 가질 수 있다

B 분노를 제어하지 못하면 배울 수 없다는 사실을 아이에게 알려주기 위해서는, '분노에서 배움을 얻게 하는 것'이 가장 중요하다.

만약 아이가 학교나 학원에서 시험을 보고 돌아왔는데 표정이 어둡다고 가정해보자. 좋은 점수를 받기 위해 그 동안 매일 열심히 공부를 한 상태라면 시험을 제대로 보지 못한 현실이 아이에게 더 아프게 다가올 것이다.

아이가 귀가 후 몇 시간이나 계속 방에서 나오지 않고 분노 상태에 있다면, 아이를 달래기 위해 당신은 어떤 행동을 선택할 것인가? 만약 분노로 가득한 아이에게 "방 청소 좀 해라."라고 말하면 아이가 어떤 반응을 보일까? 말로는 하지 않지만 아마 속으로 '시험도 제대로 못 봐서 속상한데 엄마는 나한테 청소까지 하라고 하네.'라고 생각하며 화를 낼 것이다. 하지만 그 순간을 참고 지켜보자. 그리고 청소가 끝난 후 아이를 불러서 이렇게 물어보라.

"너 청소하면서 무슨 생각을 했니?"

그럼 앞에 언급한 답이 나올 것이다.

"시험 망쳐서 속이 상한데 엄마가 청소까지 시켜서 화가 났어요."

그럼 다시 이렇게 답하라.

"너 그럼, 청소하는 동안에는 시험 망친 거 생각하지 않은 거네? 그럼 됐어."

아이가 원하는 감정을 스스로 선택하는 방법

아이는 대화를 통해 분노란 자신을 찾아오는 게 아니라 '내가 부르는 것'이라는 사실을 알게 된다. 동시에 다른 방향으로 초점을 옮기면 분노도 자연스럽게 사라지고 다른 장면을 볼 수 있으며, 그 모든 행위로 원하는 감정을 스스로 선택할 수 있다는 사실을 알게 된다.

아래 글을 부모와 아이가 함께 필사해보자.

분노가 나를 지배하는 이유는
내가 그걸 불렀기 때문입니다.
나는 분노를 거절할 수 있습니다.
그렇게 나는 알게 되었습니다.
분노하지 않으면 더욱 세상이 선명하게 보이며,
우리는 분노에서도 무언가를 배울 수 있다는 사실을.

SNS를 보면 늘 두 가지 종류의 글이 공존한다. 타인을 향한 사랑이 가득한 글과 비난이 쏟아지는 글. 하나는 읽는 사람에게 좋은 기분을, 다른 하나는 기분 나쁜 기분을 준다. 하지만 나는 두 글 모두에서 좋은 가르침을 얻는다. 사랑이 가득한 글에서는 사랑받는 방법을, 비난이 가득한 글에서는 미움 받는 이유를 깨닫게 된다. 모든 것이 배울 대상이다. 우리는 잘 모른다. 그래서 배울 것이 자꾸만 생긴다. 그러다 하나를 배우면 더 배워야 할 두 가지가 눈에 보이고, 두 가지를 배우는 과정에서 상상도 하지 못한 열 가지를 배운다. 하나에서 열을 보고 배운다는 것이 바로 그것이다. 모든 것은 '사랑과 비난의 감정에서 나는 배울 수 있다.'라는 마음으로부터 시작했다. 그래서 감정이 중요하다. 마음이 흔들리면 배움도 없다.

최고의 공부 무기, 생각

스스로 중요하다고 생각하는 일을 시작할 때는 자신의 감정을 제어할 줄 아는 사람과 함께 일을 하는 게 좋다. 세상의 모든 운동도 그렇다. 프로로 활동하는 선수들은 거의 실력이 비슷하다. 다만 경기에서 가장 중요한 순간에 '냉정한 상태를 얼마나 잘 유지할 수 있느냐?'가 다른 결과를 내는 중요한 포인트로 작용한다. 아이도 마찬가지다. 중요한 순간 집중하며 몰입해야 할 때, 자꾸만 중간에서 멈추고 마무리를 제대로 하지 못하는 이유는 자기 감정에 졌기 때문이다. 자기 감정을 지킬 수 있다면 얼마든지 무엇이든 해낼 수 있다.

감정을 제어할 수 있다면 최고의 공부 무기를 하나 갖고 있는 셈이다. 바로 생각이다. 얕은 생각은 더 많은 생각을 필요로 하지만, 깊은 생각은 오히려 생각할 시간을 줄여 준다. 각종 약속이 있을 때 나는 언제나 30분 이상 먼저 약속 장소로 나간다. 심지어 2시간 먼저 나가기도 한다. 효율적인 시간 관리가 최고의 가치라고 생각하는 내가 내 시간을 그렇게 '소비'할 수 있는 이유는, 오히려 효율적이기 때문이다. 나는 출근이나 퇴근 등의 이유로 거리가 붐비는 시간을 피해 이동한다. 그래야 길에서 버리는 시간과 사람들과 부딪혀 상하는 감정을 회복하느라 소비되는 시간을 아낄 수 있기 때문이다. 집에서 생각한 것을 글로 쓰는 것과 세상의 그 어떤 장소에서 생각하고 글을 쓰는 것이 전혀 다르지 않기 때문에 나는 최대한 편안한 시간에 이동해서 약속한 장소에서 사람을 기다리며 집에서 했던 것처럼 생각에 잠긴다.

공부의 이유를 알아야 행복하게 배운다

B 오바마가 미국의 대통령이었던 시절, 한 대학생이 공개 토론회에서 "외국에서 온 학생이 차별을 받지 않게 법을 바꿔주세요. 당신에겐 그런 능력이 있잖아요."라고 말하자, 오바마는 매우 침착하게 이런 식으로 그의 거센 마음을 진정시켰다.

"대통령이라고 마음대로 법을 바꿀 수는 없습니다. 어떤 작은 일도 그걸 바꾸려면 매우 많은 사람과 시간이 필요합니다."

많은 사람이 살면서 불합리한 제도와 시스템에 의해 고통을 받는다. 억울한 경우도 생기고, 화가 나서 짜증이 날 때도 있다. 그런 상황을 자연스럽게 공부로 연결하기 위해서는, 오바마가 대학생에게 말한 것처럼 '아무리 말로 호소해도 상황은 쉽게 바뀌지 않는다.'라는 사실을 아이에게 알려주는 게 좋다. 무언가를 원한다면 그렇게 바꿀 수 있는 사람이 되어야 스스로 원하는 세상을 만들 수 있다. 우리가 공부하는 이유도 바로 이것이다.

행복하게 공부하는 모든 사람에게는 어떤 상황에서도 웃을 수 있는 공부의 이유가 있다. 가난한 사람을 돕기 위해, 평등한 세상을 만들기 위해, 아픈 사람을 돈에 구애받지 않고 치료하기 위해 등등 그 분명한 공부의 이유가 멈추지 않고 행복한 마음으로 공부하게 만든다.

아이가 공부와 친해지는 방법

일상에서 행복하게 공부하는 마음과 이유를 깨닫게 하려면, 우리가 늘 접하는 자연에서 구하면 된다. 식물은 언제나 햇빛을 바라보며 산다. 식물의 입장에서 보면 그건 마치 전쟁과도 같은 치열한 싸움이다. 옆에 있는 식물이 햇빛을 가리면, 자신의 생명이 달려 있는 문제라 가만히 상황을 지켜보지 않고, 햇빛을 가린 식물을 넘어 빛을 차지하거나 빛을 볼 수 있는 새로운 방향으로 성장을 촉진한다. 식물을 키우며 얼마든지 이런 식물의 성장에 대해 아이에게 보여주며 설명할 수 있다. 먼저 아이에게 '식물이 어떤 방향으로 뻗어 나가는 것은 햇살을 받아야 하기 때문이다.'라는 사실을 충분히 알려주자. 그리고 이 상황과 공부를 연결한 글을 필사하면 자연스럽게 아이가 행복한 공부를 시작할 수 있다.

식물은 햇빛이 없으면 살 수 없습니다.

저 하늘에서 내려오는 햇빛을 받기 위해,

오늘도 식물은 줄기를 뻗고 조금씩 성장합니다.

내게는 만들고 싶은 세상이 있습니다.

그런데 아직은 그런 세상을 만들 힘이 저에게는 없습니다.

하지만 그래서 제 공부는 행복합니다.

그럴 힘과 능력을 가진 사람이 되어서

제가 원하는 세상을 만들기 위해서 하는 거니까요.

가만히 앉아서 아무리 말해도 변하는 것은 없습니다.

간절하게 원하는 게 있으면 더 간절히 배워야 합니다.

아이에게 노력의 가치를 알려주어라

최근 나는 매우 인상 깊은 글을 하나 읽었다. 한국 최고 대학에 진학한 학생이 자신의 꿈을 이루기 위해 공부하던 독서실에서, 어느 날 문득 주변을 바라보다가 쓴 글이다.

"독서실에서 마지막까지 남아 공부한다. 참 웃기는 일이다. 내가 제일 공부를 잘하는데, 내가 제일 열심히 공부한다."

물론 공부가 전부는 아니다. 그 학생의 말을 다른 분야에도 적용이 가능하니 그게 참 무섭고 의미가 있는 거다. 세상을 둘러보면 언제나 그렇다. 제일 글을 잘 쓰는 사람이 제일 열심히 쓰고, 제일 연주를 잘하는 사람이 제일 열심히 연습한다. 방법은 알려줄 수 있지만 열심히 하는 건 자신의 몫이다. 모든 분야가 그렇다. 제일 잘하는 사람이 제일 마지막까지 노력한다.

신도 말한다.

"뛰어갈 다리와 심장은 줄 수 있지만, 열심히 뛰어 심장을 흔드는 건 너의 몫이다."

아이가 공부의 기쁨을 영원히 누리도록 끝까지 남아 무언가를 배우는 시간의 가치를 알게 하자. 살아 있는 모든 것은 살기 위해 움직인다. 작은 벌도 개미도 분명한 이유가 있어서 뙤약볕을 이겨내고 목표로 삼은 곳으로 이동한다. 이유가 희미해지면 중간에 멈출 것이고, 선명해지면 목표 지점을 뚫고 나갈 힘으로 전진할 것이다. 자꾸 공부 좀 하라고 직접적으로 강요하지 말고, 스스로 공부할 이유를 선명하게 가슴에 담을 수 있게 하자. 부모의 역할은 아이를 학원에 보내고, 공부할 좋은 책상을 사주는 것이 아니라, 학원에 가야 할 이유를 알게 하고 책상에 앉아 무언가를 공부하는 기쁨을 느끼게 해주는 것이다. 그게 바로 내가 말하는 지성인의 공부다.

아이의 전문성을 발견하라

B 앞으로도 최저 시급은 계속 오르고, 복지는 계속 좋아질 것이다. 하지만 인간이 있어야 할 자리를 기계가 대신하고, 결국 10명을 고용하던 회사에서는 5명, 아니 그 이하로 직원을 감축할 것이다. 다행스럽게도 한 사람이 받는 월급은 늘겠지만, 안타깝게도 상대적으로 능력 있는 사람만 취업하게 된다. 능력이 없는 사람은 버티기 더욱 어려운 세상이 온다. 이건 나의 상상이 아니고 지금 우리 앞에 일어나는 현실이다.

나는 지금 여기에서 경제와 정치를 논하자는 것이 아니다. 생존의 문제를 말하고 싶다. 우리 아이가 살게 될 미래 세상이 원하는 능력이란 무엇을 말하는 걸까? 바로 '전문성'이다. 그 분야의 전문성을 갖춘 인재는 앞으로 더욱 높은 가치를 빛내며 살게 될 것이다.

그럼 하나만 더 묻는다. 전문성은 어떻게 길러지는가? 바로 '지성'이다. 부모님이 시켜서 하는 게 아니라, 자신의 만족을 위해 공부를 선택한 사람을 나는 지성인이라고 부른다. 스스로 선택한 공부를 할 때 아이는 비로소 전문성을 갖게 된다. 어떤 분야에서도 쉽게 적응하며 내일이 기대되는 사람으로 성장할 수 있다.

아이를 위한 다산의 공부 철학

지성인을 키우는 공부는 다르다. 삶의 태도가 곧 공부로 이어져야 하기 때문이다. 당연히 그들은 다른 사람과는 다른 공부 철학을 갖고 있다. 한국을 대표하는 지성, 다산도 같은 생각이었다. 그래서 그는 유배지에서 아들에게 지성인이 되기 위해서 갖추어야 할 공부 철학에 대한 글을 써서 보냈다. 그 글에 내 생각을 입혀 아래와 같이 편집했다. 긴 글이지만 아이와 꼭 필사하며 그 의미를 헤아려 보길 바란다.

1. 반드시 중심을 제대로 세우고 살아라

음식을 허겁지겁 먹고 배가 불렀다가

다시 허기가 진다고 그걸 견디지 못한다면,

대체 네가 짐승과 무슨 차이가 있겠느냐?

어떤 상황에서도 마음의 중심을 잡아라.

그런 사람은 쉽게 흔들리지 않으며,

세상의 모든 것을 눈에 담을 수 있다.

2. 마음이 흔들리면 삶이 흔들린다

깊게 생각하지 않는 속이 좁은 사람은
당장 원하는 것을 이루지 못하면 실망한다.
그러나 참으로 어리석은 것은
눈물까지 흘리며 슬픔에 빠져 지내다가도
일이 제대로 풀리면 다시 감정을 바꿔
싱글벙글 웃으며 지낸다는 것이다.
소인의 목표는 얼굴에 그대로 드러나지만,
성인의 목표는 표정에서 파악할 수 없나니,
감정이 네 삶을 지배하게 놔두지 말거라.
걱정과 슬픔 그리고 기쁨과 아쉬움,
사랑하고 미워하는 감정과 표정이
하루에도 수차례나 변한다면
지적 수준이 높아 세상을 꿰뚫어 보는 사람이 볼 때
그것보다 우스운 일도 없을 것이다.

3. 영원한 것을 바라보라

중국을 대표하는 탁월한 문장가 소동파는 이렇게 말했다.
"속된 눈으로 사물을 보면 너무 낮고,
하늘과 통하는 눈으로 보면 너무 높기만 하다"
그는 일찍 죽는 것과 오래 사는 것을 동일하게 여긴 사람이다.

사물의 가치는 그것을 보는 사람의 마음 크기가 결정한다.
크게 바라보면 커질 것이고,
작게 바라보면 작아질 것이다.
더 깊고, 길고, 농밀한 것을 보라.
순간적인 모든 것에서 벗어나, 영원한 것을 추구하라.

4. 불평하지 말아라

아침에 햇살을 가장 빨리 받는 곳은
저녁에 그늘이 가장 빨리 시작된다.
일찍 피는 꽃은 가장 빠르게 지는 법이다.
태어나고 죽는 것에 연연하지 말라.
모든 것에는 때가 있나니,
크고 작은 일에 쉽게 흔들리지 말고
너의 중심을 지키며 살아야 한다.

잔소리보다는 철학을 심어주자

나는 자식에게 보낸 다산의 글이 단순한 글씨가 아닌 공부하는 철학을 담은 매우 중요한 글이라고 생각한다. 공부는 자신과의 끝없는 대화라고 볼 수 있다. 나는 매일 새벽 4시나 5시에 일어나 원두를 직접 갈아서 커피를 내린다. 하루에 딱 한 잔만 마시는데, 세 가지 방법으로 즐긴다. 처음에 가장 따스할 때 그 온도와 진한 향기를 즐기고, 몇 시간 지난 후에는 미지근한 온도의 커피를 즐기며 차분하고 평온한 기분을 만끽한다. 그리고 마지막으로 얼음을 넣은 다음, 얼음이 차갑게 목을 넘어가는 아찔한 순간의 향기를 즐긴다.

공부 철학이라는 게 말처럼 그렇게 심오한 것은 아니다. 내가 한 잔의 커피를 세 번에 나눠 즐기는 것처럼, 세상에는 분명 무언가를 즐기는 다른 방법이 있다는 것을 아이에게 알려주면 된다. 우유도 뜨겁게, 미지근하게, 차갑게 즐길 수 있다. 관성에 빠져 "엄마 우유가 식었어요. 좀 데워주세요."라고 말하는 아이에게 "미지근한 우유는 어떤 맛일지 한 번 마셔보는 게 어때?"라고 말하며 다른 방법으로 즐길 길을 열어주는 것도 좋다. 아이에게 "공부 좀 해라."라고 말하기보다는 공부할 수밖에 없는 철학을 심어주는 게 현명하다.

생각을 자극하고 단련하며 그것이 자연스럽게 철학이 될 때 비로소 내 아이는 스스로 공부하는 자세를 갖추게 된다. 때로는 아이를 교육하는 게 힘에 버거운 날도 있을 것이다. 하지만 멈추지 않고 걷는 자에게는 멈추지 않는 성장을 기대할 수 있다. 힘을 내자. 그게 바로 확고한 공부 철학을 가진 지성인의 모습이니까.

사물의 원리를 하나로 묶는 입체적 사고력 기르기

B 배움에서 중요한 건 크게 두 가지다. 자연스러울 것, 그리고 일상에서 저절로 이루어질 것. 요즘에는 아이와 해외로 여행을 떠나는 가정이 참 많다. 안타까운 건 어떤 여행은 먹고 시간을 소모하는 데 초점이 맞춰져 있다는 사실이다. 시간을 조금만 내서 발걸음을 약간 돌리면 전혀 다른 세상이 우리를 기다리고 있다. 어디를 가도 그 나라를 대표하는 자원과 상품이 있다. 세계 곳곳의 자연 산물과 공산품을 살펴보며, 아이와 적당한 질문을 통해 하나의 상품과 그 나라의 역사, 그리고 그 나라 사람들의 심리와 삶의 태도를 한 번에 이해할 수 있다.

예를 들어 이런 과정으로 생각해보자. 독일에는 맥주가, 일본에는 초밥이 있다. 한국의 전통음식은 비빔밥이지만, 사실 그것보다 중국집에서 파는 자장면을 더 자주 즐기고 찾는 게 사실이다. 이유가 뭘까? 자장면의 유래는 어디에서 시작했을까? 아마 어떤 시점에 어떤 이유로 한국에서 자장면을 만들기 시작했을 것이고, 결국 서민이 즐기는 대표 음식이 되었다. 이제는 모든 음식값의 기준과 물가가 오르는 기준을 자장면을 대상으로 비교할 정도다. 이런 대화를 나누며 아이에게 질문해 보자.

"자장면이 어떻게 한국을 대표하는 음식이 되었을까?"

자장면이 한국을 대표하는 음식이 된 과정을 이해하기 쉽게 순서대로 나열하면 이렇다.

① 사실 자장면은 값싸고 쉽게 맛볼 수 있는 중국의 대중 음식이었다.

② 한국 정부는 1945년 해방이 되자 한국에서 장사를 하던 중국 상인들에게 무역을 금지시킨다.

③ 그러자 그들은 다른 직업을 찾다가, 쉽고 가장 잘할 수 있는 중국 음식점을 차린다.

④ 중국 음식점이 포화 상태에 이르자, 그들은 새로운 고객을 찾아 나선다.

⑤ 부두에서 일하는 사람을 상대로 싸면서도 빠르게 제공할 수 있는 음식을 찾는데, 그렇게 해서 만들어진 음식이 바로 자장면이다.

⑥ 중국인에게만 파는 걸로 만족할 수 없던 그들은 한국인의 입맛

에 맞는 짜장면을 만들어 냈다.

⑦ 한국에서 많이 생산되는 양파를 넣은 뒤 춘장을 그대로 사용하지 않고 물을 타서 연하게 풀어내고 볶았다.

⑧ 본격적으로 대중화된 것은 6.25 전쟁 이후다. 미국은 굶주린 한국인에게 '밀'을 지원해줬는데, 그걸로 면을 만들고 자장 소스를 섞어서 식사를 해결했다.

중국에서 먼저 먹던 음식이었지만 다양한 한국 상황과 맞물려 음식의 형태도 조금 바뀌었고, 역사적인 사건을 겪으며 한국을 대표하는 음식이 되었다. 이렇게 나는 총 8단계 과정으로 자장면이 한국의 대표 음식이 되는 과정을 설명했다. 모든 과정에서 다음 과정으로 이동할 때 어떤 이유와 원인이 있다. 그것을 아이와 함께 이야기하면서 하나의 상황은 수많은 사건으로 이루어진 결과라는 사실을 알려주자.

새로움을 찾아내는 생각법

앞서 자장면에 대해 아이와 이야기를 나누었던 것처럼, 이렇게 사실을 세세하게 알려주면 뭐든 별거 아닌 것처럼 느껴진다. 하지만 "알고 보면 별거 아니지."라는 말에 모든 답이 있다. 알고 보면 별거 아니라는 뜻은, 그것을 알기 위해서는 뭔가 있다고 생각하고 접근해야 한다는 것을 의미한다. 처음부터 별거 없다는 생각으로 사물과 일상을 대하면 정말 별거 없다. 하지만 무언가를 발견하고 그것을 세상에 보여주는 사람은 일상을 뭔가 있다고 생각하며 보낸다. 당연히 매일 같은 자리에서 같은 일상을 반복해도 언제나 새롭다. 아래 글을 아이와 필사하며 입체적 사고력을 키워보자.

어제 맞은 오후 3시의 햇살과 오늘 오후 3시의 햇살은 분명 다릅니다.
같은 공간에서 다른 것을 발견하는 사람은 생각이 많이 다릅니다.
"별거 없네. 별거 아니네."라는 표현은
우리의 일상에서 지우는 게 좋습니다.
"여기에 뭔가 있네."라는 표현만 가슴에 담고
깊은 눈으로 사물을 바라봐야 합니다.

아이에게 세상이 돌아가는 원리를 알려주자

아이와 함께 길을 걸으며 세상사를 탐구하는 것 자체가 하나의 거대한 공부다. 세상의 모든 것은 우리 눈 앞에 존재하기 위해서 수많은 과정을 거치기 때문이다. 이를 입체적으로 바라볼 줄 아는 아이는 안목과 창조의 관점에서 매우 큰 힘을 가지게 된다.

예를 들어 아이와 항구에 가거나 식품 물류 창고에 가서 관찰하면 바로 수많은 것을 배울 수 있다. 모르고 먹는 것과 알고 먹은 것은 천지차이이기 때문이다.

① 수많은 사람들이 열심히 일하는 것을 보게 된다.
② 그 많은 물건이 어디서 와서 어디로 가는지를 보게 된다.
③ 그 물건이 자기 손에 놓였을 때, 다양한 관점으로 생각하게 된다.

아이가 어떤 상황을 바라볼 때, 늘 과정을 생각하게 하자. 그렇게 세상을 바라보는 아이는 아무리 사소한 물건이라도 상업계 전체와 연관해서 바라보게 되고, 바로 그 때문에 어느 것도 사소하게 보지 않게 된다. 세상이 돌아가는 하나의 원리를 파악하게 되는 것이다. 세상이 돌아가는 원리를 하나 파악하는 일은 매우 중요한 의미를 지닌다. 모든 배움에는 그 나름의 의미가 있음을 스스로 느끼게 되기 때문이다. 학교에서 공식 하나를 접할 때도, 외우려고 하기보다는 "이 공식은 어떤 방법으로 탄생한 걸까?"라는 질문을 스스로 던지며 하나라도 저절로 깨우치는 아이로 성장하게 될 것이다.

좋은 책을 고르는 여덟 가지 방법

B

좋은 책을 고르는 방법(소설, 실용서 제외)은 인생에 있어서 매우 중요하다. 책을 구입한다는 것은 다른 곳에 쓸 돈을 아껴 책에 투자한다는 것이며, 다른 곳에 쓸 시간까지 책에 투자한다는 (최소한 3시간 이상) 엄청난 의미이기 때문이다.

나의 경우에는 더욱 그렇다. 나는 1년에 한 권만 읽기 때문이다. 다시 말해서, 1년 동안 읽을 충분한 가치가 있는 책을 골라 나의 1년을 아낌없이 투자한다. 내가 생각하는 좋은 책이란, 1년에 한 권을 읽을 수 있는 책을 말한다. 바다처럼 깊고, 우주처럼 넓은 그런 책. 물론 처음에는 나도 그런 책을 선택할 안목이 없었다. 많이 실패했고, 아파했고, 그러므로 배웠다. 서툰 선택이 현명한 선택의 길을 열어주었다.

내가 제시하는 여덟 가지 방법들을 부모가 먼저 읽어보자. 부모가 충분히 이해한 후, 아이와 함께 다시 읽으며 좋은 책을 왜 선택해야 하며, 어떤 기준으로 선택할 수 있는지 차분하게 알아보는 시간을 가져보자.

1. 인용이 많은 책에서 멀어져라

타인의 글을 인용한 부분이 많다는 것은, 자신이 그 내용을 실천한 적이 없다는 증거다. 실천하면 반드시 자신의 언어로 쓴 글이 나오기 마련이다. 책 전체 분량의 10% 이상이 인용이라면, 입만 살아 있는 사람이 쓴 책일 가능성이 높다. 입이 아닌 삶에 집중하는 사람의 글을 선택하라. 입으로 쓴 글은 쉽게 사라지지만 삶으로 쓴 글은 지워지지 않는다.

2. 목차에 많은 증거가 있다

목차는 작가가 그 책을 쓴 의식 수준의 흐름이다. 첫 장과 마지막 장의 느낌은 서로 달라야 한다. 좋은 책은 작가 스스로 쓰면서 성장을 경험한 책이다. 다시 말해서 첫 장과 마지막 장의 의식은 달라야 한다. 목차에서 그런 과정이 느껴지지 않는 책은 가짜일 가능성이 높다. 목차를 읽으며 나도 모르게 가슴이 떨리는 책을 선택하는 게 좋다. 그런 책은 작가가 떨리는 가슴으로 쓴 책일 가능성이 높다.

3. 마지막 장의 목차를 반드시 읽어라

뛰어난 작가, 그러니까 타인의 말을 인용하거나 표절하지 않고 스스로 생각한 것을 쓰는 작가는, 지금 쓰는 작품에 다음에 쓸 작품에 대한 힌트가 숨어 있다. 그 이유는, 시류에 편승해서 쓰는 책이 아니라 의식의 성장 과정에서 나오는 것들을 쓰는 작가이기 때문이다. 앞서 언급했지만 목차는 그 작가의 의식 수준의 증거다. 가장 마지막 장의 목차를 읽으면 그 작가가 다음에 쓸 작품의 주제가 보인다. 바꿔 말해서 그게 보이는 책이 진짜다.

4. 책을 파는 사람을 보라

사막에서 낙타를 파는 일은 매우 쉽다. 낙타가 필요한 환경이기 때문이다. 하지만 가끔 걷지 못하는 낙타를 파는 사람이 있다. 이유는 간단하다. 걷지 못한다는 것을 확인하지 않고, 사는 사람이 있기 때문이다. "달을 가리키면 달을 봐야지. 왜 손가락 끝을 보냐?"라는 말이 있다. 달이 '낙타'라면, 손가락은 그걸 파는 '사람'이다. 하지만 책은 예외다. 물론 책의 기본은 콘텐츠이지만 '책을 파는 사람'을 살펴보아야 할 필요가 있다. 가짜는 자꾸 이상향을 바라보게 한다. 거대한 부, 쉬운 결과, 실천 없는 과정 등이 그것이다. 그 사람이 가리키는 허상을 바라보지 말고 그 사람을 보라. 거기에 답이 있다.

5. 사람과 세상을 읽는 안목을 키워라

책에 속는 사람은 사람에게도 잘 속는다. 사람을 제대로 보지 못하는 사람은 책도 제대로 선택하지 못할 가능성이 높다. "그런 사람이 아닐 줄 알았는데." "그런 책이 아닐 줄 알았는데."라는 후회는 세상을 바라보는 안목이 없음을 증명한다. 누구도 그 책을 강요하지 않았고, 누구도 그 사람과 인연을 맺으라고 하지 않았다. 문제는 언제나 내 안에 있다. 외면의 자신감과 화려함에 속지 말자. 그 사람의 내면을 보라. 내면의 당당함과 여유, 잔잔하게 퍼져 나가는 의식의 기운을 바라보라. 말에 흔들리지 말고, 표정에 속지 말라. 다시 한 번, 그 사람을 보라.

6. 글을 쓰는 이유에 대해 질문하라

작가를 만날 기회가 생긴다면(이건 SNS가 아닌, 직접 얼굴을 보고 물어야 한다), 진지하게 질문해보라.

"글을 쓰시는 이유가 무엇인가요?"

SNS에서는 가식적인 답을 할 수 있지만, 직접 얼굴을 보면 그게 쉽지 않다. 아마 다양한 답이 나올 것이다. 하지만 내가 생각하는 좋은 책의 기준은, 글의 힘을 믿는 작가가, 자신의 모든 시간을 바쳐, 사람과 세상을 위해 쓴 책이라고 생각한다. 그런 책이 반드시 잘 팔린다고 말할 수는 없지만, 단 하나는 확신할 수 있다. 오래 살아 남는 책은 실제로 많은 사람의 일상을 아름답게 바꾼다.

7. 그 책을 읽은 사람을 보라

가장 중요한 부분이다. 6번에서 나는 좋은 책은 오래 살아 남아서 실제로 많은 사람의 일상을 아름답게 바꾼다고 말했다. 그걸 확인하려면 실제로 그 책을 읽은 사람을 봐야 한다. 그 책을 읽은 사람의 리뷰가 아닌, 일상을 보라. 그가 어떤 생각으로 어떻게 살고 있는지, 책이 그에게 실제로 어떤 영향을 미쳤는지 살펴보라. 그리고 "나도 저렇게 살고 싶다."라는 생각이 들면, 그 책을 선택해서 다시는 빠져나오지 못할 것처럼 집중해서 읽어라.

8. 시인이 되어라

많은 사람이 '문학의 중심은 시'라고 말한다. 그 이유가 뭘까? 쓰기 어려워서? 똑똑해 보여서? 답은 분명하다. 정말 문학의 중심이 시이기 때문이다. 쉽게 말하면, 모든 좋은 글은 시에서 시작한다. 시는 그것을 원한다고 억지로 쓸 수 있는 것이 아니다. 영감이 내 안에 들어와서 비로소 쓸 수 있기 때문이다. 시인이 되면 내가 앞에서 언급한 모든 부분을 분간할 능력을 갖게 된다. 경제, 경영, 재테크 도서도 마찬가지다. 그 안에서 시를 발견할 수 있어야 한다. 시에 일상의 이야기를 넣으면 에세이가 되고, 회사의 일을 넣으면 자기계발서, 상상을 넣으면 소설이 된다. 시가 중심인 책을 선택하면 틀릴 수 없다. 읽고 나면 한 편의 시가 그려지는 책, 그게 진짜다.

아이의 뜨거운 사랑을 받는 부모는 반드시 좋은 책을 읽어야 한다. 먼저 좋은 책을 선택할 안목을 가져야 하며, 스스로 좋은 책을 읽고 아이에게도 그런 책을 권해줄 수 있는 부모가 되어야 한다. 독서는 언어를 대하는 가장 성스럽고 가치 있는 시간이다. 또한, 좋은 책을 선택해서 읽을 수 있으면 쓸데없이 보내는 시간을 아낄 수 있다. 농밀하게 살 수 있고, 남는 시간에 세상과 더 많은 사랑을 나눌 수 있다.

두꺼운 책을 선택하라. 물론 페이지가 많은 책을 의미하는 것은 아니다. 내가 책 하나를 선택해서 1년 동안 읽는 이유는 그럴 수밖에 없는 책이기 때문이다. 첫 페이지와 마지막 페이지가 너무 멀리 떨어져 있어서 도무지 몇 번의 독서로는 그 모든 허공을 붙잡을 수가 없다. 글자 위에 작가가 서서 마지막 페이지까지 나를 유혹한다. 1년이라는 시간조차 잊은 채, 나는 그저 그를 따라갈 수밖에 없다. 하지만 1년 후, 나는 1년 전과 다른 나를 만난다. 변화는 구호로 이루어지는 게 아니다. 그리고 세상에는 사람을 그렇게 변화시키는 책이 분명 있다. 앞에서 나열한 방법들을 통해 아이와 함께 그런 책을 자주 만나기를 소망한다.

좋은 인생이 곧 좋은 책이다

좋은 책은 하나의 인생을 담은 책이다. 그런 책을 선택하고 제대로 읽기 위해서는 '읽을 만한 좋은 인생'을 알아볼 안목이 필요하다. 미국에는 'NBA'라는 프로 농구 협회가 있는데, 거기에서 활동한 선수 중 세계 최고의 농구 선수로 남아 있는 마이클 조던이라는 사람이 있다. 그는 타고난 신체와 재능을 가지고 있었지만, 타고난 신체가 지칠 때까지 치열하게 연습했던 선수로도 유명하다.

하루는 경기를 펼치던 중, 상대편 선수가 아무리 조던을 막으려고 해도 쉽지 않자 자꾸만 파울을 하게 되었고, 화가 난 그는 조던에게 이렇게 외쳤다.

"아무리 당신이라도 눈을 감고 슛을 던지지는 못할 걸?"

그러자 자유투 라인에 선 조던은 웃으면서 "이건 널 위한 슛이야."라고 말한 후, 눈을 감고 슛을 날렸다. 슛은 놀랍게도 완벽하게 골대를 통과했다. 그 경기의 순간을 상상하며 아래 글을 아이와 함께 필사하자.

마이클 조던의 연습은 특별한 게 없었다.

다른 선수가 하는 것처럼 비슷한 연습을 반복했을 뿐이다.

다만 다른 것은,
비슷한 연습을 더 많이 반복했다는 것뿐이다.
누군가 그의 단점을 지적하면,
그는 엄청난 연습량으로 단점을 극복해냈다.
방법이 새로운 게 아니라, 마음이 새로웠다.
그게 바로 좋은 인생에 대한 가장 현명한 답이다.
그리고 위대한 인생은 곧 하나의 위대한 책이다.

물론 시비를 걸고 싶은 아이는 "조던은 이미 천재적 재능을 타고났잖아요."라고 응수할 수도 있다. 평범한 사람은 그렇게 할 수 없다는 말도 덧붙이며. 하지만 그때 진지한 표정으로 아이에게 이렇게 묻자.

"네 말처럼 천재도 그렇게 치열하게 연습했는데, 우리는 천재도 아닌데도 왜 움직이지 않고 말만 할까?"

이를 통해 아이는 좋은 인생이 곧 좋은 책이며, 책을 읽고 난 후에는 반드시 읽은 내용을 실천해야 한다는 사실도 깨닫게 된다.

부모가 먼저 자기 삶의 경영자가 되어라

아이에게 책을 권할 때, 부모는 이런 표현을 자주 쓴다.

"이제 그만 놀고, 책 좀 읽어야지."

책의 내용을 읽는 것도 중요하지만, 책으로 가는 과정도 매우 중요하다. 과정이 독서의 시작이기 때문이다. 아이가 어떤 마음으로 책을 잡고 읽는지, 왜 읽어야 하는지, 그것들에 대해서 부모는 자세하게 알고 있어야 한다. 그럼 질문이 이렇게 바뀌어야 한다.

"엄마(아빠)는 이제 책 좀 읽어야겠다."

여기에서 중요한 건, 위 문장 뒤에 삭제한 "그러니까, 너도 책 좀 읽을래?"라는 질문을 말하지 않아야 한다는 사실이다. 일상에서 계속 부모가 먼저 책 읽는 모습을 보여줄 때, 비로소 아이는 스스로 독서의 시간을 시작할 수 있기 때문이다. 그런 의미에서 부모는 자기 삶의 위대한 경영자가 되어야 한다.

좋은 부모는 아이를 잘 평가하고, 아이가 해야 할 것들을 제대로 지정해주는 사람이다. 그런 의미에서 세상에 좋은 부모는 많다. 자신의 잣대로 아이를 평가하고 길을 알려주는 부모는 많으니까.

하지만 위대한 부모는 별로 없다. 어려운 일이 아닌데 왜 그럴까? 위대한 부모가 되는 방법은 매우 간단하다. 아이를 향한 기준을 부모 자신에게 적용하면, 모든 부모가 위대한 자기 삶의 경영자가 될 수 있다. 부모가 아이의 좋은 본보기가 되어야 한다고 다짐하며, 아래 문장을 필사하고 일상에서 실천하도록 노력해보자.

아이에게 책을 쥐어주지 말고,

스스로 잡게 하라.

그 짧은 순간이

아이의 인생을 바꿀

중요한 기점이 될 수도 있다.

아이의 가능성을 믿자.

아이는 부모를 보며 공부 태도를 만든다

영국의 생물학자 찰스 다윈은 매우 특별한 부모였다. 그는 아직 10살도 되지 않은 일곱 명의 아이와 함께 수많은 대화를 나누며 생물을 연구했고, 함께 나눈 대화를 모아 책으로 냈다. 책을 내기 위해 대단한 일을 한 것도 아니다. 아이에게 그들이 할 수 있는 일을 하도록 시켰고, 아이들과 함께 수많은 생명과 대화를 나눴고, 벌레와 자연을 사랑한 시간을 글로 쓴 것이다. 실제로 그는 아이들에게 엄청난 생물을 보여준 적이 없다. 집 근처에서 벗어난 적도 없고 언제나 주변에 있는 자연, 생명과 대화를 나누며 느낀 것을 쓰게 했다. 이를 통해 아이들은 자연스럽게 더 많은 것을 배우고 싶다는 공부의 가치를 깨달을 수 있었다.

요즘 아이들이 가장 좋아하는 매체는 '유튜브'다. 거의 모든 정보를 유튜브 방송을 통해 얻고 배운다. 그래서 아이들이 좋아하는 사람들도 유튜브에서 인기가 많은 사람들이 다수일 정도다. 하지만 아이들에게 "너도 유튜브를 시작해보면 어때?"라고 물으며 바로 손사래를 치며 "제가 그런 걸 어떻게 해요?"라고 말한다. "꿈이 뭐냐?"라고 물으면 "그냥 평범한 직장인이 되고 싶어요."라고 답하며 한숨을 내쉰다. 아이들의 모습과 말이 누구와 닮았다고 생각하는가? 바로 그들의 부모와 꼭 닮았다.

"그냥 하루하루 사는 거지 뭐, 인생 뭐 있나?"

"에이, 내가 그런 걸 어떻게 할 수 있어, 그건 특별한 사람들이나 하는 거지."

표현만 조금 다르지, 부모와 아이들은 같은 삶을 살고 있는 셈이다. 누가 먼저 바뀌어야 할까? 아이들은 누구를 보며 지금의 태도를 만든 걸까? 부모는 답을 알고 있다. 나는 아이를 사랑하는 모든 부모가, 마치 다윈이 그랬던 것처럼 아이와 함께 뭔가 근사한 프로젝트를 하면 좋겠다. 이를테면 함께 유튜브를 시작하거나 책을 쓰는 것이다. 무엇이든 시작하면 서로 대화를 하게 되고, 그것을 글로 쓰면서 공부의 가치를 아는 아이로 키울 수 있다. 시작이 곧 가능성이다.

아이의 공부 욕심을 자극하는 부모의 말

일상으로 들어가보자. 부모가 아이에게 책의 어떤 내용을 보여주며 "이거 신기하지?"라는 마음을 전하면 간혹 아이는 이렇게 말한다.

"이거 나도 아는 거야."

"이거 나도 예전에 생각했던 거야."

그럴 때 부모 입장에서는 아이가 자꾸 대화를 끊는 느낌이 들어 화가 날 수도 있다. 하지만 화는 모든 공부를 망치는 가장 효과적인 방법이다. 언제나 분노가 아닌 '공부 버튼'을 누르자. 이런 식으로 말하면 좋다.

"그래? 대단한데, 너도 알고 있었구나. 너도 알고 있고 이 책을 쓴 사람도 알고 있네. 너와 이 사람이 다른 것이 뭘까?"

그럼 아이는 약간 기가 죽은 표정으로 "이 사람은 그걸 책으로 썼으니까."라는 답을 할 것이다. 그럴 때 이런 식의 표현으로 아이를 자극해보자.

"맞아, 이 사람은 아는 것을 글로 썼지, 누구나 작가가 될 수 있어. 작가는 이렇게 자기가 아는 사실을 쓰는 거야. 배우고 그걸 쓰면 바로 작가가 되는 거지."

그리고 아래 글을 필사하며 제대로 말하고 쓰는 일상이 얼마나 중요한 것인지 깨닫게 하자.

말하지 않으면 알 수 없고,
쓰지 않으면 구분할 수 없습니다.
마음은 말로 표현해야 하고,
배운 것은 글로 써야 합니다.
그래야 내 앞에 선 상대방에게,
나의 마음과 배운 것을 알릴 수 있으니까요.
마음이 소중할수록 완벽하게 전하고,
배운 것이 귀할수록 섬세하게 써야 합니다.
나는 발견하기 위해 읽고,
이해하기 위해 쓰고,
실천한 것을 말합니다.

올바르게 말하고 쓰는 법

물론 글을 쓰는 것은 쉬운 일이 아니다. 아이들은 아직 조심스럽고 서툴다. 아마 이런 이야기를 하며 쓰지 않으려고 할 것이다.

"아직 저는 아는 게 별로 없는데, 글을 쓸 수 있을까요?"

그때 이렇게 말하며 아이를 종이 앞으로 인도하자.

"알지 못해서 쓰는 거야. 다양한 분야에 대해서 모르니까 다양하게 쓸 수 있는 거지. '내게 글 쓸 자격이 있을까?'라는 고민은 오히려 자만이라고 볼 수 있어. 모르기 때문에 알기 위해 배우는 과정을 글과 말로 남기는 거니까. 알아서 쓰는 게 아니라 배우는 과정을 남기기 위해 쓰는 거라고 생각하며 용기를 내자."

왜 말과 글이 중요한 걸까? 말과 글을 동시에 단련해야 지성인이 될 수 있기 때문이다. 말은 나오는 즉시 사라진다. 하지만 그 말을 들은 사람의 마음에는 오래도록 사라지지 않고 남는다. 그래서 우리는 글을 써야 한다. 말은 고칠 수 없지만 글은 얼마든지 고칠 수 있다. 우리는 글을 쓰며 우리의 말을 정확하게 다듬는 법을 배울 수 있다. 그렇게 말과 글을 조금씩 일치하게 만들며, 말과 글이 다르지 않은 아이로 살게 한다면, 그는 공부의 가치를 아는 지성인으로 자랄 수 있다.

자꾸 할 일을 미루는 아이, 어떻게 해야 할까

배움에 있어 안 좋은 습관은 모든 일을 대충 처리하는 것이고, 더 안 좋은 습관은 아예 뒤로 미루는 것이다. 대충 처리하는 아이는 일단 시작은 하지만, 미루는 아이는 아예 시작할 생각도 하지 않기 때문이다. 당연히 시간이 지나도 배우는 것이 없다. 그런 일상이 반복되면 아이는 평생 배우지 못하는 사람으로 살게 된다. 시험공부를 위해 아무리 철저하게 계획을 세워도 결국 계속 미루다가 시험 전날 크게 한숨을 쉬며 몰아서 할 것이다. 결과는 늘 뻔하다. 그런 아이들은 공통적으로 책 읽는 습관도 제대로 잡혀 있지 않다. 이유는 간단하다. 늘 시험 전날 몰아서 공부하기 때문에 제대로 교과서를 읽지 않는 습관에 길들어져 있기 때문이다. 집중하지 못하고 이해하지 못한 채 페이지를 넘기기 일쑤다.

미루는 습관을 고치는 특별한 방법

먼저 미루고 있는 자신의 모습을 제대로 바라보아야 한다. 가장 좋은 방법은 인사를 하는 것이다. 누군가에게 인사를 하는 이유는 상대에게 감사나 좋은 마음을 표현하기 위한 목적도 있지만, 가장 중요한 건 자신의 마음을 들여다보는 것이다. 고개를 숙이면 우리는 눈으로 자기 가슴을 바라볼 수 있다. 아이에게 그 의미를 이렇게 설명하자.

"우리가 인사를 하며 자기 가슴을 바라보는 이유는, 마음을 바라보며 행동에 조심하고 더 나은 오늘을 살라는 의미란다."

그리고 아래 글을 필사하며 아이에게 인사의 의미를 전해주자.

나는 매일 누군가에게 인사를 합니다.

모르는 사람도 아는 사람도 모두 괜찮습니다.

인사는 결국 나를 위한 행동이니까요.

인사를 하며 나는 매일 나를 돌아봅니다.

어제보다 나은 오늘을 살고 있는가?

친구와 가족에게 좋은 말을 나누었나?

나는 오늘도 고개를 숙이며 내 마음을 들여다봅니다.

자기 할 일의 우선 순위를 정하는 방법

"이제 만화책은 그만 보고 숙제하자."

그럼 어김없이 아이는 "엄마 5분만 더 만화책 보면 안 될까요? 이제 거의 다 봤단 말이에요."라는 말로 숙제를 미룰 것이다. 물론 5분이 그렇게 중요한 시간은 아니다. 그러나 '5분만 더'라는 아이의 미루는 습관이 좋지 않은 이유는, 아이 스스로도 5분을 미루며 걱정에 빠지기 때문이다. 만화책도 집중해서 읽으면 도움이 된다. 모든 책에는 배울 점이 있기 때문이다. 하지만 촉박한 시간에 부모의 눈치를 보며 읽는 만화책은 다르다. 그저 그 시간을 소비하는 것에 불과하다. 이럴 때는 처음부터 만화책을 볼 때 시간을 정해주는 게 좋다. 그래야 아이가 시계를 보며 원하는 만큼 읽을 수 있게 되면서 더 그 시간에 집중할 수 있다.

하지만 이런 일련의 행동이 쉽게 이루어지지는 않는다. 앞서 언급한 인사하는 행동으로 미루는 습관을 모두 고치기는 힘들기 때문이다. 그래서 필요한 것이 삶의 우선 순위를 정하는 태도다. 아이에게도 일상은 매우 소중하다. 집에 돌아오면 반드시 하고 싶은 일이 있기 때문에 아이의 일상도 어른처럼 바쁘다. 그래서 더욱 우선 순위를 정해야 한다. 자꾸 공부와 독서를 미루는 이유는 그게 우선 순위 중 상위에 있지 않기 때문이다. 아이와 대화를 통해서 함께 우선 순위를 정해서 종이에 쓰고, 자주 볼 수 있는 장소에 붙이고, 습관이 될 때까지 눈여겨 볼 수 있게 하자.

부모보다 아침에 잘 일어나는 아이, 깨우지 않아도 스스로 일어나서 그날 해야 할 것들을 알아서 해내는 아이, 아마 모든 부모가 아이에게 원하는 모습일 것이다. 아침에 일어나야 할 시간에 미루지 않고 이불을 박차고 일어날 수 있다면 그 아이의 일상은 굳이 보지 않아도 알 수 있다. 부모의 개입이 거의 필요하지 않고, 무엇을 하든 제대로 해낼 것이다.

주도적인 공부를 시작하는 습관의 힘

공부가 힘든 이유는 스스로 시작한 공부만이 무언가를 깨닫게 해주기 때문이다. 수업시간에도 주도적으로 임해야 무언가를 배울 수 있지만 그게 참 힘들다. 모든 수업마다 같은 배움의 자세를 유지한다는 게 물리적으로 불가능하기 때문이다. 그렇다면 방법은 간단하다. 주도적으로 공부하는 자세를 습관으로 만들면 된다.

공부는 내면의 변화에서 시작한다. 아이의 내면에 다음 두 가지를 주문하면 공부는 저절로 된다. 하나는 더 이해하고 싶은 마음이고, 다른 하나는 더 알고 싶은 마음이다. 이 마음으로 일상을 공부로 채우게 하려면, 습관이 될 때까지 아래 원칙을 아이에게 자주 읽어주자.

1. 나 아닌 다른 존재를 이해하려는 마음

세상에 이해할 수 없는 사람은 없다. 그 사람의 현재는 그의 지금까지의 삶이 내린 결론이다. 또한 그걸 쉽게 이해할 수 있는 사람도 없다. 다시 말하면, 매우 어려운 시도와 접근으로 이해할 수 있다. 더 자주 말하고 소통하며 이해를 쌓으면 미운 사람이 있을 수 없다. 그가 밉다는 것은 아직 그를 충분히 모른다는 증거다. 아이가 어떤 존재를 미워하거나 거부하려고 하면 더 다가가려는 마음을 갖게 하자. 아이는 이를 통해 무언가를 이해하려는 마음을 습관으로 가지게 될 것이다.

2. 잘 모르면서 비난하지 않는 마음

나는 말하거나 글을 쓸 때, '그게 사실이라면' '누가 그러던데'라는 단서는 쓰지 않는다. 그건 아직 잘 모르거나 철저하게 사색한 사항이 아니라는 증거이자, 그저 비난하려는 마음의 유혹에 빠진 상태이기 때문이다. 비난하려는 마음이 선한 마음을 앞서가게 하지 말자. 잘 모르는 것은 잘 알 때까지 여기저기에 있는 자료를 통해 알아보거나 직접 겪으면서 자신이 낸 결론을 갖게 될 때까지 다른 사람에게 말하지 말아야 한다. 완벽한 평가를 할 수 없는 이유는 충분히 대상에 대해 공부하지 않았기 때문이다. 모르면 시간을 내고 연구하고 공부해야 한다는 사실을 아이에게 알려주자. 이를 통해 아이는 무언가를 알기 위해 더 많은 자료를 찾고 공부하는 습관을 가진 사람으로 성장한다.

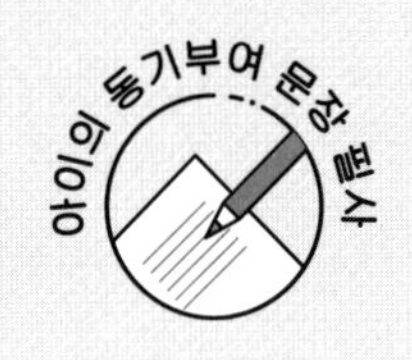

아이가 경쟁심으로 공부하고 있지는 않는가?

스스로 공부를 시작하지 못하는 아이들은 타인의 행동을 비난하느라 내면을 들여다볼 시간을 허비하고, 타인을 무작정 미워하느라 자신의 내일을 기대할 기회를 잃는다. 아이에게 아래 글을 필사하게 하자. 다만 이번에는 주변에 작은 화분을 두고, 꽃을 자세히 관찰한 이후에 필사를 시작하는 게 좋다. 자연을 충분히 바라본 경험이 필요하기 때문이다.

우리의 스승인 멋진 자연은 말한다.
자연의 가장 좋은 부분을 보라.
겨울이 병든다는 것은,
봄이 태어난다는 멋진 증거다.
가는 겨울에 미련을 두고 아파하지 말고,
마지막 입김을 불어넣는 겨울을 즐기며
태어나는 봄의 뜨거운 열기를 응원하자.

아이를 필사하게 하면서 부모도 자신을 돌아보는 시간을 가져보자.

지금 아이는 어떤가? 아이가 성적에 신경이 쓰여서 공부를 더 열심히 한다면, 그건 자기주도가 아니라 경쟁심 때문에 공부를 시작한 것이다. 경쟁심이 아이를 자극해서 지식을 주입하도록 명령하는 것이다. 부모가 억지로 시키던 시절에서 벗어나 이제는 경쟁심이 그 역할을 대신할 뿐이다.

그리고 또 하나, 자기주도는 공부에만 해당되는 이야기가 아니다. 자신의 인생을 설계하고 그것을 추구하며 사는 삶이 진정한 자기주도 아닐까? 먼저 인생을 설계할 수 있어야 한다. 공부는 커다란 인생 계획 중 일부일 뿐이다. 부모도 자신의 삶을 돌아보라. 당신은 지금 자기주도로 공부하고 있는가? 말로는 "배우는 게 재밌다. 학교 다닐 때 이렇게 공부했으면 원하는 대학에 갔을 것 같다."라고 말하지만, 사실 지금 당신은 자기주도로 공부하는 게 아닐 수도 있다. 젊음을 잃고 나이가 들어서 뒤쳐질 수도 있다는 두려움에 억지로 공부하는 것은 아닌가? 진짜 자기주도는 타인에서 시작하는 모든 감정에서 벗어나 자신에게서 시작하는 감정으로 이루어져야 한다.

자기주도성을 키워주는 부모의 마음가짐

"공부는 무엇인가?"

아이에게 무언가를 요구하거나 시작하게 하고 싶다면 원하는 그것을 부모가 먼저 자신에게 물어봐야 한다. 스스로 정의할 수 없는 것을 아이에게 하라고 강요할 수는 없기 때문이다. 정의해야 확신이 생기고, 더욱 분명한 어감과 표정으로 아이에게 말할 수 있다. 공부는 새로운 것을 알아가는 일련의 과정이다. 그럼 그 안에 당연히 즐거움이 녹아 있어야 한다. 공부의 모든 과정이 즐거움으로 가득한 것은 아니지만, 즐겁지 않으면 시작할 수 없기 때문이다.

그럼 많은 부모가 간절하게 원하는, '자기주도란 무엇인가?' 원하는 것을 스스로 배우는 과정을 말한다. 무언가를 원하기 위해서 먼저 필요한 게 뭘까? 바로 호기심이다. 즉 대상을 향한 즐거운 마음이다. 결국 모든 공부는 자기주도로 이루어져야 하며, 그 안에는 즐거움이 녹아 있어야 한다. 즐겁지 않으면 아무 일도 일어나지 않는다. 아래 사항을 가슴에 담고 아이를 바라보자.

① 빠르게 문제를 해결하려는 부모의 마음은 아이에게 독이 된다.

② 어리고 미숙한 아이에게는 환경이 가장 중요하다.

③ 아이가 스스로 움직일 수 있게 유도하자.

미움과 비난에 가득한 날을 보내면 성장이 멈춘다. 미움은 더 큰 미움을 부르고, 비난은 결국 자신에게 돌아와 삶을 피폐하게 한다. 그런 사람의 얼굴은 짐승을 닮아간다. 사람의 좋은 마음은 그를 아름답게 하지만, 나쁜 마음은 모여 얼굴빛을 어둡게 한다. 이유를 모른 채 억지로 공부하는 아이는 기계다. 공부를 공부로만 접근하면 아이는 흥미를 잃는다. 언제나 자연의 방법을 사용하자. 아이가 자연에 가까이 다가가게 하자.

미움은 부자연스러운 감정이고,

사랑과 이해는 우리를 빛낼 자연스러운 감정이다.

그걸 아는 아이는

스스로 공부하는 습관을 들이게 된다.

3부

일상

공부 지능이
200% 발휘되는
일상 자극들

언어 지능이 공부 지능을 결정한다

2018년, 교육부는 매우 의미 있는 학업성취도 평가 결과를 발표했다.

'중학생의 11.1%, 고교생의 10.4%가 수학 과목에서 기본적인 교육 과정조차 따라가지 못했다. 국어나 영어 과목에서도 중고교생의 기초 학력 미달 비율이 전년 대비 증가했다.'

기초 학력 저하가 큰 문제로 떠오르고 있다. 그렇다고 이 엄청난 문제를 나라와 학원에만 맡길 수도 없는 노릇이다. 누구에게 맡기거나 미룰 수 없는 우리 아이들의 일이기 때문에 일단 가정에서 먼저 해결해야 한다. 우리가 자꾸만 불안에 떠는 이유는 가정이 아닌 다른 곳에서 문제를 해결해주기를 바라기 때문이다. 먼저 내가 할 수 있다고 생각하자. 힘들지만 그게 가장 현명한 답이다. 먼저 하나 묻는다.

"예전보다 아이들에게 공부를 더 많이 시키는데 대체 왜 학습 능력이 떨어지는 걸까?"

"학원과 학습지 그리고 학교 교육을 받아도 기초 학력이 부족하다는 말은 어떻게 받아들여야 하나?"

답은 간단하다.

"수학을 보면, 바로 국어를 떠올려야 한다."

이게 무슨 말일까? 수학을 알기 위해 수학을 배우는 건 어리석은 행동이라는 뜻이다. 국어를 알아야 모든 과목을 제대로 배울 수 있다. 수학을 이해할 수 없는 이유의 반 이상은 국어를 제대로 배우지 못했기 때문이다. 언어의 뜻을 제대로 이해하고 정확하게 표현할 줄 아는 아이는 하나를 배우면 그 하나를 매우 잘 이해하며 오랜 기간 기억한다. 외울 필요가 없는 인생을 살게 된다. 언어를 자유자재로 다룰 줄 알아야 모든 저항에서 자유를 얻는다. 한마디로 언어 지능은 공부 지능이다. 아이의 언어 지능은 어떻게 키울 수 있을까?

1. 낯설게 하기

유독 낯선 사람을 만날 때 활기가 넘치고 그 자리를 즐기는 사람들이 있다. 과거의 인물이든 현실의 인물이든 그들의 공통점은 바로 언어 능력이 뛰어나다는 것이다. 그들은 누군가를 처음 만나는 자리를 매우 좋아한다. 서로에 대해 잘 모를 때 느껴지는 미묘한 감정은 처음 만났을 때만 경험할 수 있는 독특한 감정이기 때문이다. 그때 우리는 상대를 관찰하고 연구하며 서로의 방법과 지난 세월을 비교하기도 한다. 다시 말해서, 모든 언어 능력이 일제히 상대를 향해 질주하는 것이다. 사람이 아니어도 괜찮다. 생명이든 생명이 없는 것이든 마찬가지로 우리는 그 대상에서 무언가를 배울 수 있다. 낯선 곳과 사람, 그리고 대상을 피하거나 두려워하지 말고 다가가서 알아가려는 태도가 언어 지능이 뛰어난 아이로 키우는 데 중요하다.

2. 의미 부여하기

아무리 머리에 많은 지식을 쌓아도 시험 문제를 제대로 풀지 못하는 아이가 있다. 아무리 배워도 배운 것을 세상에 적용하지 못하는 이유는, 문제 자체를 제대로 이해하지 못하기 때문이다. 상황도 제대로 이해하지 못하고, 상대가 무엇을 묻는지 제대로 파악하지 못해 늘 전혀 다른 대답을 내놓고 후회한다. 하지만 언어 감각이 높은 아이들은 조금만 배워도 그것을 세상에 잘 활용한다. 언어 감각은 내가 아는 것과 모르는 것을 연결해주는 가장 완벽한 통로다. 아무리 좋은 연료가 있어도 연료를 엔진까지 연결하지 못하면 물체는 움직이지 않는다. 그 연결을 돕는 것이 바로 언어 감각인데, 남다른 언어 감각을 가진 아이들에게는 공통적으로 자주 사용하는 표현이 있다.

"여기에 뭔가 있을 것 같은데?"

"저 안에 뭐가 있을까?"

"저 사람이 그렇게 말한 이유가 뭘까?"

공통적으로 그들이 자주 사용하는 표현은 의문문이며, 사물과 상황의 속을 관찰하려는 마음을 갖고 있다. 호기심은 곧 관찰과 연구로 이어진다. 그 자체가 바로 공부다. 아이가 세상에 존재하는 모든 사물과 환경, 어떤 대상도 사소한 것은 없다는 것을 알게 하자.

3. 결합하기

"영웅도 자신의 몸종에게는 평범해 보인다."

프랑스의 속담이다. 이 속담이 무엇을 말하려는 것 같은가? 프랑스에서는 자신감에 대한 속담으로 통한다. 영웅도 사실 우리처럼 평범한 사람이니 자신감을 갖고 살라는 의미다. 하지만 이건 어디까지나 세상이 정한 의미일 뿐이다. 이 속담을 얼마든지 다른 의미로 연결할 수 있다. 이번에는 자신에게 묻자.

"왜 영웅은 몸종에게 평범하게 보일까?"

첫 질문이다. 현상이 있으면 그것에 대해 질문해보면서 원리를 하나하나 분석해 나가면 된다. 이유는 몇 가지가 있을 것이다.

'위대한 것도 곁에서 자주 보면 익숙해진다.'

'영웅은 없다. 그저 위대한 연기를 한 것이다.'

'거짓은 오래갈 수 없다. 오직 진실만이 영원하다.'

하지만 이 생각들은 내 기준으로 그리 특별하지 않다. 생각을 완전히 비틀면 이런 문장이 하나 나온다.

'몸종이 몸종인 이유는 위대한 영웅에게서도 위대한 부분을 발견하지 못하기 때문이다. 무언가에 익숙해지지 마라. 위대한 것들로부터 멀어진다.'

현재는 모두 과거의 '결합'이다. 결합이라는 말은 하나의 성분으로만 이루어진 게 아니라는 뜻이다. 매우 다양한 것들의 무분별한 결합으로 하나가 만들어진다. 아이가 무엇을 보든 다양한 이유를 찾게 하자.

그리고 그 이유를 결합해서 하나의 결론을 만들자. 그 결론이 틀려도 괜찮다. 어떤 현상과 과정에도 정답은 없기 때문이다. 현실이라는 존재는 오직 그것을 분해하고 결합하는 자의 몫이다.

4. 공부라는 종착지는 언어라는 터널을 건너야 한다

"왜 공부 지능을 말하면서 언어에 대해서만 자꾸 말하는 거지?"라는 의문을 가진 분들도 있을 거다. 언어와 공부는 서로 연결되어 있다. 언어라는 터널을 거치지 않으면 공부하는 종착지로 갈 수 없다. 예를 들어 이런 식으로 각 나라에는 꽤 좋은 속담이 많다. 다른 나라의 속담은 낯설다. 흥미로운 사실은 언어는 서로 다르지만 한국의 속담과 뜻이 통하는 것들이 많다는 것이다. 인터넷에서 검색하면 많이 나오니까 아이들과 같이 읽으며 그 의미를 내가 한 방식처럼 재구성하면 공부에도 큰 도움이 될 것이다. 그 나라에 대해 궁금하다면 '독일 속담' 등으로 궁금한 나라와 연결해서, 어느 부분이 궁금하다면 '열정, 습관' 등으로 구분해서 검색하면 더 쉽고 빠르게 찾을 수 있다. 검색하는 것도 공부다. 키워드를 적절하게 쓰지 않으면 원하는 정보를 찾는 데 긴 시간이 필요하기 때문이다. 이런 식으로 우리는 언어를 단련하며 공부 지능을 개발할 수 있다.

언어라는 도구를 이용해서 공부 지능을 높이고 싶다면 다음 글이 일상이 된 아이로 키우면 된다. 필사한 후 아이가 자주 보는 자리에 붙이거나, 다른 문장을 필사하기 전에 늘 아래 문장을 쓰고 시작하면 도움이 된다.

몰라서 얼마나 좋아.
이제 알 일만 남았으니.
서툴어서 얼마나 좋아.
이제 익숙할 일만 남았으니.
배운 게 아니라 얼마나 좋아.
이제 깨달을 일만 남았으니.

이 글을 읽고 가슴으로 기억해야 하는 이유는 '배우고 익숙해지고 깨닫는 것'만이 멋진 게 아니라, 깨달음을 위한 '과정'이 중요하다는 사실을 아이가 알아야 하기 때문이다. 인생의 멋진 것들은 도착지가 아니라 가는 길에 널려 있다.

인생은 공부로 이루어져 있다.
그리고 인생의 향기는 꽃에서 나오지만,
인생의 역사는 줄기에 있다.

아이의 가능성을 발견해주는 시 읽기

"내 아이의 가능성을 발견하고 싶다."

"대체 뭘 시켜야 아이가 잘할 수 있을까?"

아무리 많은 지식을 배워도 성장하지 못하는 이유는 뭘까? 연결하지 못하기 때문이고, 연결하지 못하는 이유는 질문하지 못하기 때문이며, 질문하지 못하는 이유는 스스로 자신의 가능성을 발견하지 못했기 때문이다. 반대로 세상에 존재하는 지식을 서로 연결할 수 있다면 그 아이는 평생 적극적으로 배움을 추구하며 살 수 있다.

연결이란 무엇일까? 바로 '질문'이다. 질문하고 답하며 우리는 서로 다른 두 개의 지식을 하나로 연결할 수 있다. 그럼 이제 우리가 할 일은 단 하나다. 어떤 방법으로 아이의 가능성을 탐구할 수 있을까?

내가 추천하는 방법은 시를 분석하고 탐구하는 과정이다. 아이에게 읽고 이해하기 수월한 시를 몇 편 보여주자. 그리고 아이가 한 편의 시를 스스로 선택하게 하자. 아이에게 공부를 권하기 전 부모는 늘 기억해야 한다. 아이는 흥미가 있는 주제와 대상에 더욱 쉽고 빠르게 오래 반응한다. 아래 기준으로 선택 대상이 될 시를 고르면 좋다.

1. 시가 길면 아이의 시선도 멀어진다

시를 읽고 이해하기 힘든 이유 중 하나는 길이다. 한 줄도 이해하기 쉽지 않은데 그게 열 줄 이상으로 길어지면 아예 이해하기를 포기하게 된다. 아이 입장에서 3연 이상이 되면 읽기 힘들고, 총 10행 이상이면 이해하기 힘들다. 뭐든 눈에 확실히 보이는 게 이해하기 편하다. 한눈에 보이는 시를 선택 대상으로 고르는 게 좋다.

2. 시선을 확 사로잡는 시를 선택하자

시는 '눈'이 아닌 '시선'으로 이해하는 문학이다. 읽는 게 아니라 보는 것이다. 이건 매우 중요한 부분이다. 가능한 자연과 동작의 이미지를 표현한 시를 보여주면서 아이로 하여금 시가 말하는 상황을 머리에서 그릴 수 있는 시를 선택하는 게 좋다.

3. 아이의 흥미를 유발하는 시

“아, 나 그거 본 적 있어.”

“맞아, 그거 나도 해봤어.”

아이는 과거에 경험했거나 이미 아는 것을 마주칠 때 흥미를 느낀다. 자신이 아는 사실을 부모에게 말해주기를 좋아하기 때문이다. 그 사랑스러운 마음을 알면 좋은 시를 선택하는 데 도움이 된다. 그걸 감안해서 아이가 반 정도는 알고 있는 대상이 주제인 시를 선택하자. 아이가 주변에서 쉽게 경험할 수 있거나 경험의 흔적이 있는 주제의 시라면 더욱 좋다.

아이가 좋아하는 것들이 담긴 시 찾기

시 읽기로 완성하는 아이의 가능성 탐구를 위해 나는 칼 샌드버그라는 미국 시인이 쓴 「안개」라는 시를 골라 새로 번역을 했다. 먼저 아이가 충분히 시를 읽을 수 있게 시간을 허락하고, 충분히 읽었다고 생각되면 꼭 아이의 의사를 묻고 함께 필사를 시작하자. 시는 공감의 영역이기 때문에 부모가 함께 필사하며 생각을 공유하는 게 더욱 효율적이다. 매우 짧은 시이므로 단어 하나에 정성껏 마음을 다해 필사하도록 하자.

안개는,
작은 고양이 발처럼 슬금슬금 다가온다.

그렇게,
항구와 도시를
차분하게 앉아 바라보다가,
다시 슬그머니 사라진다.

- 칼 샌드버그, 「안개」

시에 나오는 주요 단어, '안개' '고양이' '항구' '도시' 등의 표현은 아이가 이미 주변에서 충분히 경험한 것들이다. 게다가 고양이는 아이들에게 매우 친근하며 사랑스러운 동물이다. 아이의 흥미를 이끌 수 있으며 안개를 고양이의 걸음에 비유한 이 시를 매우 흥미롭게 받아들일 수 있다.

시를 통해 상상력, 언어 능력을 키우는 법

시로 아이의 가능성을 발견하려면, 아이가 먼저 스스로 '시에서 말하는 대상의 가능성'을 발견해야 한다. 예를 들어 앞서 소개한 칼 샌드버그의 시 「안개」에서 나온 고양이는 항구와 도시를 바라본 후 살며시 사라진다. 고양이에 대해 아이에게 물어보자.

"고양이는 왜 사라졌을까?"

"다시 나타날까?"

"항구와 도시가 너무 심하게 발전되어 오염된 것 때문에 사라진 거라면, 고양이는 환경을 위해 무엇을 할 수 있을까?"

이렇게 '되지 않는 질문'이 아닌 '해결하려는 방향의 질문'으로 아이 스스로 고양이도 무언가를 할 수 있을 거라는 상상을 하게 하자. 그래야 아이의 상상 속에서 긍정의 힘이 생길 수 있다. 긍정은 곧 가능성으로 이어지고, 그렇게 생성한 가능성은 아이 삶에 오래 남아 지성인의 공부를 실천할 힘을 길러줄 것이다.

예술적 안목이
지식의 크기를 확장한다

매우 오랜 기간 사색하며 적당한 답을 찾기 위해 노력한 질문이 하나 있다.

"같은 집에서 같은 교육을 받으며 같은 환경에서 자랐지만 왜 다르게 성장하는가?"

아이에게는 혼자서 무언가를 스스로 결정해서 완성한 경험이 중요하다. 이런 아이는 타인의 노력을 잘 알고, 단점보다는 장점을 바라보며 그것을 분석해서 자신의 것으로 만들 방법을 안다. 사실 세상의 모든 예술은 그런 과정을 통해 완성되었다. 우리는 모두 비슷한 것을 보고 배우며 산다. 무언가 위대한 것을 창조한 자는 더 많은 것을 배운 것이 아니라, 자신이 배운 지식을 예술적 안목으로 확장했을 뿐이다.

언제나 모든 교육은 일상에서 이루어져야 한다. 예술적 안목을 가지려면 블럭을 자주 가지고 노는 게 좋다. 물론 특별한 방법이 따로 있다. 보통 블럭을 사면 설명서가 들어 있다. 다양한 방법으로 각종 변형이 가능한 블럭도 하나의 형태를 만들어 내는 블럭도 있다. 하지만 중요한 건 누군가 정한 다양성이 아니다. 세상이 정한 백 가지 방법이 아닌 '내가 정한 한 가지 방법'을 가지고 있다는 게 중요하다. 이것이 바로 예술이다. 창조하는 예술적 안목이 있는 아이로 키우고 싶다면 방법도 달라야 한다.

예술의 가치, 표현의 중요성을 아는 아이

예술적 안목을 기르기 위해 가장 먼저 해야 할 부분은, 그 가치를 아이가 스스로 느낄 수 있어야 한다는 것이다. 생각한다는 것, 생각을 세상에 표현하는 과정이 왜 중요하고, 그 과정에는 어떤 것들이 있는지 제대로 알고 있어야 한다. 아이와 함께 다음 글을 필사하며 그 마음을 느껴보자.

자격증을 얻기 위해 고생한 시간을 견디면,
고생한 시간이 나를 지켜줍니다.

도전에 성공하기 위해 고통스러운 시간을 견디면,
고통스러운 시간이 나를 지켜줍니다.

바람을 견디면 바람이 나를 지켜주고,
태양을 견디면 태양이 나를 지켜주지요.

힘들어도 묵묵히 자신의 길을 걷는 사람은

훗날 더 근사한 자신을 만날 수 있게 됩니다.

그림을 그리려면 무엇을 그려야 할지 정해야 하고,
스케치를 하고 물감을 적절하게 풀어
나무와 풀 하나하나 정성껏 칠해야 합니다.
그 모든 과정은 힘들지만
결국에는 나를 행복하게 하는 예술이 됩니다.

길을 잃지 않으면 나중에는 길이 나를 지켜줍니다.
나를 아프게 한 것들이 결국 나의 힘이죠.
우리에게 주어진 유일한 자유는
'생각의 자유'입니다.

예술적 안목을 길러주는 3단계 자극법

예술적 안목을 기르는 것은 필사만으로는 부족하다. 필사를 통해 그 가치를 알았다면 다음의 3단계 과정으로 아이가 일상에서 예술적 안목을 스스로 기를 수 있게 하는 게 좋다.

1. 모방을 통해 얻는 최소한의 자신감

아이는 처음에는 설명서에 적힌 내용을 그대로 따라하면서, 완성한 상태를 머리로 그리며 손으로는 과정에 마음을 담는 법을 배운다. 비록 자신이 그린 이미지는 아니지만 시작과 과정, 그리고 끝을 경험하면서 자신감을 얻게 된다. 사소하다고 생각할 수도 있지만 이때 느끼는 자신감이 매우 중요하다. 자신이 생각한 것을 세상에 표현할 용기를 낼 수 있기 때문이다. 처음부터 창조를 기대하지 말자. 모든 창조는 모방에서 시작한다. 모방을 통해 자신을 얻어야 창조할 용기를 낼 수 있다. 많은 아이가 각자 매우 창조적인 생각을 하면서 산다. 다만 그들은 자신의 생각을 믿지 못해 표현하지 못할 뿐이다. 그래서 자신감은 매우 중요하다.

2. 이미지를 그리며 배우는 창조적 생각법

세상이 쓴 설명서에 적힌 대로 조립하는 과정을 통해 자신감을 얻었다면 이제는 설명서를 버리고 아이에게 종이 한 장을 주자. 그리고 "어떤 물체를 만들고 싶으니?"라고 묻자. 바로 답이 나오지 않을 가능성이 높다. 그 이유는 만들고 싶은 대상이 없는 게 아니라, 아직은 만들 자신이 없기 때문이다. 머릿속에서 '내가 그걸 만들 수 있을까?'라는 의문을 가질 수도 있다. 그럴 때마다 부정적인 생각에 빠지게 두지 말고, 생각하는 물체를 그림으로 그리게 하자. 모든 영감은 쉽게 사라지니, 발견할 때마다 놓치지 말고 잡아서 그려야 한다. 로봇이든 인형이든 아이가 만들고 싶은 물체를 그리게 하는 게 중요하다. 이를 통해 아이는 머리로 그린 물체를 현실로 만들어낼 창조적 생각법을 배울 수 있다.

3. 창조의 기쁨을 느끼며 표현하기

이미지를 현실로 구체화하며 아이는 자신이 원하는 것을 만드는 기쁨을 알게 된다. 이 기쁨은 매우 중요하다. 세상이 정한 무언가를 만드는 것이 아니라 자신이 그리던 물체를 만들며 창조의 기쁨과 고통을 동시에 알게 되기 때문이다. 이런 과정에 익숙해지면 다음 단계에서는 조금 더 작은 블럭을 사용해서 만들게 하는 게 좋다. 예술의 나라 프랑스에서는 아이들이 크레파스를 사용하지 않는다. 이유가 뭘까? 다음 페이지에 적힌 답을 읽기 전에 아이와 먼저 생각해보라. 답을 아는 게 중요한 건 아니니까. 답은 뭉툭한 크레파스로는 섬세한 감각을 표현할 수 없기 때문이다. 모든 교육은 결국 창조적 시각으로 이루어진다. 아이에게 조금 더 작은 블럭을 주라. 섬세한 예술적 감각으로 자신의 생각을 생생하게 현실로 표현할 수 있게 하자.

섬세한 시각으로 자신이 원하는 세상을 생생하게 표현하며 아이는 무엇이든 자신만의 창의력으로 표현해내는 아이로 성장한다. 꿈과 공부도 마찬가지다. "변호사가 되고 싶어요."라는 답이 아닌, "돈이 없어서 법에 당하는 사람들을 위해 변호하는 사람이 되고 싶습니다."라는 선명한 답을 갖게 된다. 예술적 시각이 결국 아이의 삶을 선명하게 만드는 것이다. 다시 정리하지만, 예술적 안목은 새로운 것을 바라보고 배울 때 매우 중요한 역할을 한다. 부모에게도 반드시 필요한 안목이므로, 아이와 함께 이 과정을 통과해서 원하는 것을 얻겠다는 강한 의지로 시작해보자.

좌절한 아이에게 희망을 주는 부모의 말

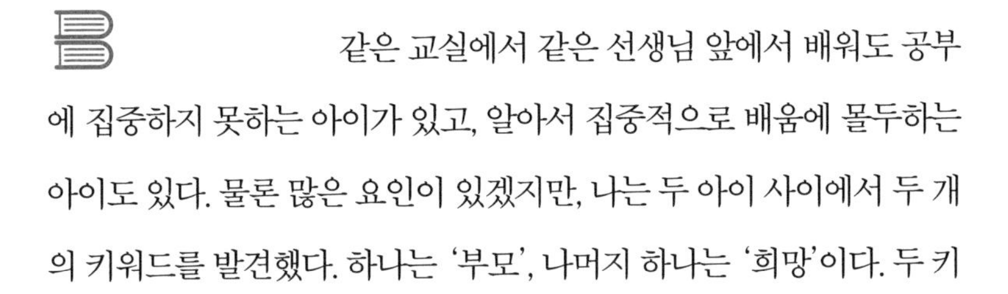

같은 교실에서 같은 선생님 앞에서 배워도 공부에 집중하지 못하는 아이가 있고, 알아서 집중적으로 배움에 몰두하는 아이도 있다. 물론 많은 요인이 있겠지만, 나는 두 아이 사이에서 두 개의 키워드를 발견했다. 하나는 '부모', 나머지 하나는 '희망'이다. 두 키워드를 연결하면 이렇다.

> 자신이 품은 희망을 믿는 부모는
> 아이에게 희망을 주는 말을 하며 살고,
> 그런 말을 듣고 자란 아이의 공부는
> 다른 아이의 공부와 모든 부분이 다르다.

아이들에게 "나중에 어떤 사람이 되고 싶어?"라고 물으면 놀랍게도 거의 이런 답을 내놓는다.

"평범한 직장인이 되고 싶어요."

그 답을 들을 때마다 나는 깜짝 놀란다. 참 허무하다. '평범한 직장인'이라는 표현을 쓴다는 게, 너무나 가슴이 아프고 속상하기 때문이다. 아이에게 희망을 주고 싶다면, 평범하다는 표현을 가급적 사용하지 않게 하는 게 좋다. 방송이나 신문에서도 자주 이런 식의 표현을 사용한다.

"보통 사람은 할 수 없는 일이죠."

"일반인은 어렵죠."

이런 표현은 매우 적절하지 않다. 세상을 특별한 사람과 보통 사람으로 나누면 우리는 무엇도 배울 수 없기 때문이다. 그런 기사를 접할 때마다 아이에게 이렇게 설명하자.

"보통 사람이라는 표현보다 더 적절한 표현이 하나 있단다. 그는 '보통 사람'이 아닌 '모르는 사람'이야. 다시 말해서 '아직 그것을 배우지 못한 사람'일 뿐이지. 그건 바로 가능성이자, 희망이란다. 배우면 누구나 알 수 있다는 사실을 의미하니까."

이렇게 희망과 배움의 관점에서 말하면, 그걸 듣는 아이도 자연스럽게 불가능이 아닌 희망의 시선으로 세상을 바라볼 수 있고, 배움의 태도를 유지할 수 있다. 물론 그런 말을 하는 게 쉽지는 않다. 그래서 부모의 말은 더욱 중요하다. 쉬운 일이 아니라 부모만 할 수 있기 때문이다.

힘들 때 필사하는 희망의 언어

힘들 때마다 아이를 사랑하는 부모의 마음을 담아 내가 쓴, 아래 글을 읽으며 아픈 마음을 치유하자. 이 글은 부모가 일상에서 자주 필사하면 더욱 좋다. 이 글의 제목은 '희망의 언어를 위한 기도'이다.

희망의 언어를 위한 기도

나는 정말 잃을 게 많은 사람이다.
힘들어도 멈추지 않고 달려온 '세월'
믿고 응원하고 지지하는 '가족'
조금씩 키운 소중한 '꿈'
이토록 빛나는 것들을 가지고 있으니까.

누구에게나 암흑뿐인 세월이 있다.
하지만 어둠으로 가득한 이 골목을 돌면
빛나는 태양이 나를 기다리고 있을 거라 생각하며
힘든 하루를 웃으며 견디자.

내 눈에만 보이는 희망을 보며 살자.

물론 세상은 언제나 나를 흔든다.
하지만 꼭, 기억하자.
"너에게 희망이 있을까?"라고 말하는
세상의 말에 흔들리면 안 된다는 사실을.
아름답게 빛나는 내 마음속의 태양이
남의 눈에 보일 필요는 없다.
내 눈에만 보이면 그걸로 충분하니까.

빛나는 태양을 안고 사는,
나는 잃을 게 많은 사람이다.
지금부터 나는 내 희망을 믿고,
멋진 내일을 기대할 것이다.
나는 나를 기대한다.
나는 내가 가진 희망을 믿는다.

사람은 생각하는 대로 살게 된다

간혹 말을 함부로 하거나 예상할 수 없는 행동을 하는 사람이 있다. 다 그런 건 아니지만, 그들의 내면을 자세히 살펴보면, "나는 잃을 게 없는 사람이야."라고 외치는 소리가 들린다. 잃을 게 없으니 내 마음대로, 하고 싶은 대로 하며 살게 된다.

세상에서 가장 무서운 진실은 사람은 생각한 대로 살게 된다는 사실이다. 잃을 게 없는 사람일수록 잃을 게 많다고 생각하고 살아야 한다. 아이는 나를 바라고 있고, 그런 아이를 내가 사랑하고 있다. 우리는 모두 이 멋진 순간을 가슴에 담고 있다. 우리 부모들은 잃을 게 참 많은 사람들이다. 그 마음과 떨림을 꼭 기억하자. 세상을 그렇게 바라보는 나의 모든 시선과 태도가, 바로 내 아이가 바라볼 세상을 향한 희망으로 이어지니까.

불가능을 뛰어넘게 하는 부모의 질문

어떤 상황이 놓였을 때 부모는 아이의 선택에 영향을 줄 단서를 제공하기보다는, 단계적으로 질문을 하는 것이 좋다.

당신은 지금 아이와 함께 걷고 있고, 문득 운동장에서 농구를 하는 아이들을 바라보게 되었다. 다들 중학생이었는데, 유독 한 아이만 마치 초등학생인 것처럼 키가 작고 왜소하다. 이 상황에서 부모는 질문을 통해 아이가 스스로 가능성을 찾는 방법을 알려줄 수 있다.

① 저 아이는 골을 넣을 수 없겠지?

② 그래도 저 아이가 골을 넣으려면 지금 어떻게 하는 게 좋을까?

③ 너라면 어떻게 할 것 같아?

아이 입장을 먼저 생각하라

앞서 떠올린 세 가지 질문에 담긴 의미와 아이 입장에서 어떻게 대답할지에 대해 생각해보도록 하자. 이번에는 필사할 부분이 좀 길다. 그대로 아이와 함께 필사하며 읽는 재미도 느낄 수 있게 하자.

1. 불가능으로 가는 과정

부모님이 "저 아이는 골을 넣을 수 없겠지?"라고 질문하면 제 선택지는 불가능에 도착할 수밖에 없습니다. 하지만 불가능이 나쁜 건 아닙니다. 오히려 불가능의 이유를 제대로 설명할 수 있다면, 다음 생각으로 이동할 수 있기 때문이죠.

2. 불가능에서 가능으로 이동하는 과정

이번에는 "그래도 저 아이가 골을 넣으려면 지금 어떻게 하는 게 좋을까?"라는 질문으로, 제가 불가능한 상황에서 가능성을 찾을 수 있게 해주세요. 작으니까 빠르게 뛰어서 슛을 던지거나, 빈자리에 패스를 해서 다른 친구가 득점할 수 있게 도울 수 있다는 생각도 할 수 있을 테니까요.

3. 가능으로 가는 과정

이 마지막 질문으로 생각을 세 갈래로 나누는 과정은 마무리됩니다. "너라면 어떻게 할 것 같아?"라는 질문으로 저만의 방법을 찾게 만드는 것입니다. "농구에서는 키가 큰 사람이 할 수 있는 기술이 있고, 작은 사람이 할 수 있는 기술이 있으니까, 나라면 패스와 드리블 기술을 배워서 친구들이 쉽게 골을 넣게 돕는 역할을 할 것 같아."라는 식으로 가능성을 바라보며 생각하게 하는 거죠.

중심을 잡고 나만의 방법을 찾아라

우리의 아이는 아직 어리다. 배로 비유하면 작은 파도에도 세차게 흔들리며 중심을 잡지 못하는 조각배라고 볼 수 있다. 지금도 아이는 세찬 파도에 맞서 전진하고 있다. 그걸 지켜보는 부모의 마음은 아이보다 더 아프고 힘들다. "잘할 수 있을까?" 그렇다고 아이 대신 조각배에 앉아 방향을 결정할 수는 없다. 아이가 스스로 중심을 잡게 하는 게 중요하다. 중심을 잡지 못하면 사는 내내 중심잡기에만 집중하게 되고 풍경을 바라볼 여유를 갖지 못하기 때문이다. 다시 말해, 자신의 방법을 찾을 수 없고, 이 넓은 세상에서 무엇도 배울 수 없다.

우리가 사람들 앞에서 강연이나 이야기를 할 때 고통스러운 이유는 말하려는 내용에 대해 잘 모르기 때문이다. 삶에서 모두 경험한 내용은 누구든 용기만 내면 사람들 앞에서 멋지게 말할 수 있다. 본문보다 더 멋진 부록은 삶에서 본문의 내용을 모두 경험한 사람에게만 허락된다. 아이 대신 부모가 인생의 방법을 찾으면 아이는 앞을 볼 수 없다. 더 멋지게 응용할 수 없고, 새로운 사실을 배우기 힘들다.

창의성을 깨우는 교육

 한국과 뉴질랜드의 아이들을 대상으로 창의력 테스트를 했다. 미션은 간단하다.

"물컵 모양이 그려진 종이에 원하는 그림을 그려서 완성하라."

한국의 아이들은 시작과 동시에 빠르게 그림을 그렸다. 조금 이상한 점은 마치 입이 없는 아이들처럼 아무것도 묻지 않았다는 사실이다. 하지만 뉴질랜드 아이들은 조금 늦게 시작했지만, 뭔가 의미를 생각하며 진지한 표정으로 질문을 반복했다. 이를테면 이런 것들이다.

"종이를 회전해도 되나요?"

"자를 주실 수 있나요?"

빠르게 시작하는 것도 좋지만, 뉴질랜드의 아이들은 생각을 하며 그렸다. 이외에도 다양한 질문을 하면서 그림을 그려 나가며 자기만의 그림을 완성했다. 모두가 각자의 예술을 그린 셈이다. 이 모습을 보며 많은 전문가들이 다양한 근거를 제시하며, 뉴질랜드 아이들의 창의성에 대해 언급했다. 하지만 본질은 그게 아니다. 뉴질랜드 아이들이 창의적이라는 결론은 전문가가 아니어도 충분히 말할 수 있는 눈에 뻔히 보이는 사실이니까.

중요한 것은 시작과 끝으로 이어지는 '시간과 과정'이다. 뉴질랜드 아이들을 포함한 우리가 선진국으로 생각하는 다른 나라 아이들 역시 마찬가지다. 그들이 한국의 아이들보다 창의적으로 보이는 그림을 그릴 수 있는 이유는, '급하게 마치려는 생각'을 하지 않았기 때문이다.

아이를 독촉하지 말고, 기다려주자

왜 우리 아이들은 뭐든 문제가 주어지면 급하게 결과를 내려고 하는 걸까? 아마 많은 부모가 그 이유를 알고 있을 것이다. 많은 문제를 정해진 시간에 다 풀어야 하는 현실에서 살고 있기 때문이다. 한국의 시험에 길들어진 아이들은 입을 모아 조언한다.

"풀 수 있는 문제만 풀어, 풀 수 없는 문제는 그냥 넘어가. 시간을 아껴야 다 풀 수 있으니까."

매우 암울하고 슬픈 현실이다. 현실은 곧 아이가 살 미래를 결정한다. 미래를 바꾸고 싶다면 현실에서 뭔가 시작해야 한다. 아이 안에 깃든 창의성을 깨우는 것이 가장 좋은 방법이다. 아래 글을 부모와 아이가 함께 필사하자. 이번에는 특별히 한 문장을 필사할 때마다 서로 그 느낌에 대해 대화를 나누자.

아마추어는 마감을 정해두고 일을 시작하지만,

프로는 스스로 끝났다고 생각할 때까지 멈추지 않는다.

창의성은 결국 그 사람이 보내는 시간의 질이 결정한다.

시간 제한이 없어야 압박감을 느끼지 않을 수 있고,

'더 좋은 방법이 없을까?'라는 질문을 멈추지 않을 수 있고,

더 나은 단 하나의 방법을 찾아낼 수 있다.

아이에게 독서나 숙제를 시킨 후에, 자꾸만 이렇게 묻는 부모가 있다.

"언제까지 할 수 있어?"

시간이 너무 많이 지나면 다시 이렇게 독촉한다.

"너 노는 거 아니야? 지금 시간이 얼마나 지났는 줄 알아?"

하지만 시간이 더 많이 지체되면 결국 부모의 입에서 이런 말이 나온다.

"그렇게 느려서 앞으로 어떻게 살 수 있겠어!"

이런 모든 말은 아이들의 창의성을 사라지게 한다. 스스로 더 나은 답을 찾기 위해 좋은 방법을 찾고 있는데 부모가 자꾸 결과만 요구하면 아이는 혼나지 않기 위해 모든 과정을 지우고 결과만 내놓는다. 그래서 아이들은 더욱 생각하지 않는 사람으로 성장한다. 빠르게 그럴듯한 결과를 내기만 하면 혼나지 않기 때문이다.

아이에게 실패할 시간을 허락하라

아이에게 결과만 요구하면 순결한 창의성은 사라지고, 가장 빠르게 할 수 있는 방법인 타인의 것을 베끼는 삶이 시작된다. 지금 한국의 현실이 적나라하게 그 모든 것을 증명한다. 우리가 그토록 원하고 갈망하는 자기주도 학습도, 결국에는 더 많은 시간을 아이에게 주어야 이루어진다. 자기주도 학습을 원하면서 왜 자꾸 아이에게 마감 시간을 정해주는가? 창의성을 원하면서 왜 남들과 같은 방식을 추구하는가? 마감 기한을 정하지 말자. 아이가 충분히 모든 것을 다했다고 생각할 때 스스로 끝을 낼 수 있게 배려하자. 아이의 창의성은 결국 기다릴 수 있는 부모만 줄 수 있는 믿음의 선물이다. 믿고 기다리자. 그리고 기억하고 또 기억하자.

모든 아이는 천재로 태어났다.
아이에게 모자란 것은 오직 시간 하나다.
더 방황하며 실패할 시간을 허락하자.

부모 원칙만 내세워 아이를 비난하지 마라

"성적이 더 떨어졌네!"

"요즘 더 공부를 안 하네!"

부모가 아이에게 가장 자주 하는 말 중 공통적으로 나오는 표현이 하나 있다. 바로 '더'라는 표현이다. 물론 어른들의 세상에서도 비슷한 말을 자주 사용한다.

"네가 더 악랄해."

"그 사람보다 네가 더 나빠."

사람이나 원칙에 대한 강한 성향이 들어가면 언제나 '더'라는 말이 붙는다. "성적이 떨어졌네." "나쁘다." "악랄해."라는 말에는 이미 최악의 감정이 녹아 있다. 굳이 거기에 '더'가 붙는 이유는 싫어하는 상대를 비난하며 동시에 자신이 옹호하는 원칙이나 대상을 보호하려고 하기 때문이다. 편파적인 마음을 구분할 수 있는 좋은 기준이기도 하다. 그런 말은 상대의 행동을 바꿀 수 없다.

어제 비바람이 심하게 불어서 새벽 내내 초조하고 불안했다. 정원에 핀 꽃이 꺾여 생을 마감하지 않을지, 너무나 걱정이 되었기 때문이다. 봄과 초여름 내내 고생한 덕분에 이제 막 꽃이 아름답게 피어나기 시작했는데, 그 시간의 두께를 생각하니 마음 아팠다. 이른 새벽 일어나 정원에 나가니 두 송이의 꽃이 꺾여 있었다. 꽃을 세우기 위해 나는 바로 가위와 노끈을 가지고 나갔다. 그런데 너무 급하게 서둔 나머지 가위로 노끈을 자르다가 그만 내 손가락을 베고 말았다. 두 개의 손가락에서 피가 흐르기 시작했다. 여전히 비가 오고 있어서 상처 난 곳에 물기가 닿을 때마다 통증이 찾아왔지만, 나는 내 아픔은 봉인한 채, 서둘러 꺾인 꽃송이를 노끈을 이용해 일으켜 세웠다. 그리고 다시 일어선 꽃송이를 바라보며 이렇게 속삭였다.

"내가 조금 '더' 일찍 나오지 못해서 미안하다. 많이 아팠지?"

그리고 이런 깨달음을 얻었다.

아래 문장을 아이와 함께 소리 내어 읽고, 천천히 필사해보길 바란다.

누군가를 일으켜 세우기 위해서는

자신도 어느 정도의 희생과 상처를 감수해야 한다.

어제보다 '오늘 더 좋아진 것'들을 기억하자

내가 꽃송이를 바라보며 속삭였던 것처럼, '더'라는 표현은 오직 좋은 마음을 전할 때 사용하는 게 좋다.

"어제보다 오늘 더 사랑해, 너를 더 기대하게 된다."

아이들에게도 "성적이 더 떨어졌네."라고 말하기보다는 "다음에는 조금 더 열심히 해보자." "열심히 했는데 네 마음이 더 아프겠다."라는 식의 말을 해주는 게 좋다. '더 나빠졌다'라는 표현은 듣는 아이에게 고통을 주며 공부에 대한 좋은 생각을 할 수 없게 만들기 때문이다. '더'라는 표현을 긍정적인 쪽으로 사용하면 공부에 대한 의욕을 자극해서 일상의 배움을 실천할 수 있다. 아이와 함께 아래 글을 필사해보자.

나는 '더 나빠진 것'을 바라보지 않습니다.

주변에 분명히 '더 좋아진 것'이 있기 때문이죠.

더 나빠진 것은 우리에게 분노와 비교를 하게 만들지만,

더 좋아진 것은 좋은 마음을 전하게 합니다.

좋은 것을 바라볼 수 있다면 우리는 언제나 배울 수 있습니다.

나는 어떤 상황에서도 '더 좋은 것'을 바라보겠습니다.

아이의 삶에 좋은 영향을 미치는 부모의 언어

나는 언어가 세상과 사람을 바꿀 수 있다고 믿는다. 그것은 이미 증명된 사실이기 때문이다. 그래서 언어로 사람들에게 긍정과 희망을 전한다. 하지만 언어를 배우려는 사람에게는 냉정하고, 책을 쓰려는 사람에게는 냉혹하기도 하다. 그는 사람과 세상을 바꿀 일을 해야 할 사람이기 때문이다. 아이의 언어 생활에 가장 큰 영향을 미치는 부모도 마찬가지다. 자신의 언어 사용에 냉정해야 한다. 그대는 아이라는 한 세계에 엄청난 영향을 미칠 중요한 사람이기 때문이다. 아이의 공부 의욕은 물론이고 삶의 태도까지 언어로 바꿀 수 있다.

배움의 신은 늘 인간이 지루하게 보내는 시간에 배울 것을 숨겨놓고, 그들이 발견하기를 간절하게 소망하며 바라보고 있다. 아이가 배워야 할 모든 것이 일상에 존재한다고 생각하며, '이 상황을 어떻게 공부에 연결할 수 있을까?'라는 고민을 멈추지 말자. 이 세상의 모든 공부는 언어로 이루어져 있다. 언어가 없으면 생각할 수 없고, 생각하지 않으면 적절한 언어를 찾을 수 없다. 아이의 삶에 좋은 영향을 미치는 부모의 핵심 역할은 언어에 있다. 더 적절한 언어를 찾아야 한다.

가르침을 받아들이는 아이로 키우기

"요즘 아이들은 참 가르치기 힘들어요."

요즘 부모들을 만나면 자주 듣는 하소연이다. 맞는 말이다. 그런데 그게 아이만의 잘못일까? 그 질문에 대한 가장 완벽한 답을 알려줄 책, 『소학』을 소개한다. 소학은 8세 전후의 아이들을 모아 가르치는 곳을 말하고, 이 책은 거기에서 교재로 사용하던 책인데, 목적은 아주 간단하다.

'가르침을 받아들일 수 있는 인간을 만든다.'

얼마나 근사한 말인가? 잘 배운다는 것은 이미 배울 준비를 마쳤다는 것을 의미한다. 준비가 되어 있지 않으면 어떤 위대한 스승도 아이를 움직일 수 없다. 이번에는 필사 포인트가 조금 길다. 이론보다는 실천이 매우 중요한 부분이기 때문이다. 잘 읽고 아이와 함께 삶에서 제대로 실천하기를 바란다.

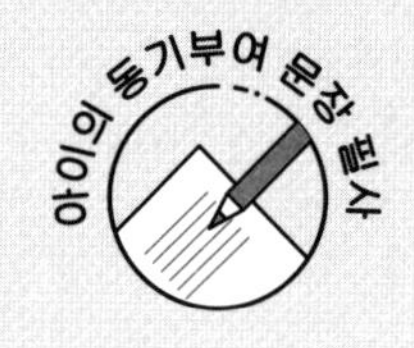

아이의 의식 수준을 바꾸는 방법

송나라의 주희가 쓴 『소학』에서는 가르침을 받아들일 수 있는 인간을 만들겠다는 목적을 이루기 위해 아이들이 의식 수준을 변화시킬 수 있는 다양한 방법을 제시한다. 그 방법을 크게 세 가지로 나누어 정리하면 이렇다.

1. 오직 선만 행하게 하라

"악이 작다는 이유로 행하지 말라, 하지만 선은 아무리 작아도 행해야 한다." 삼국지에서 한나라 소열제가 죽음을 앞두고서 자신의 뒤를 이을 아들에게 전한 유언이다.

후한의 마원은 자식에게 이런 말을 남겼다.

"다른 사람의 잘못을 들었을 때는, 마치 부모의 이름을 들은 것처럼 귀로만 듣고 입으로는 말하지 말라."

가르침을 잘 받아들이는 습관을 가지게 하려면, 일단 의식 수준이 악이 아닌 선을 향해야 한다. 다음의 글을 필사하자.

단점은 긴 꼬리와 같아서 잡으려고 하면 끝이 없습니다.
흠을 바라보지 말고 빛나는 곳을 바라보는 게 좋습니다.
그것은 쉽게 발견할 수 없기 때문에
자기 자신조차도 모르는 경우가 많으니까요.
누군가의 빛을 발견하고 그것을 키워준다는 것은
그래서 아름답습니다.

선만 행하라는 것은 결국 상대의 빛을 보라는 말이다. 한 사람의 빛, 즉 장점을 발견하고 그에게 말해준다는 것은 한 사람의 삶을 아름답게 하는 고귀한 일임을 아이에게 알려 주자.

2. 배우는 마음에 변화를 주어야 한다

북송의 유학자인 장횡거는 이렇게 말했다.

"어린아이는 성인과 다르다. 먼저 차분한 마음을 갖게 하고, 이전보다 사물을 섬세하게 바라보게 하며, 만물에 공손하고 경건한 태도를 가지도록 가르치는 게 중요하다."

부모의 가르침이 늘 실패로 끝나는 이유는 아이를 아이로 바라보기 때문이다. 아이는 그저 키가 작은 사람일 뿐이다. 부모와 다른 게 없다는 사실을 인지해야 한다. 그런 의미에서 아이와 함께 진나라 충숙공이 남긴 글을 필사하라.

새로운 것을 배우고자 하는 모든 아이는

먼저 인품의 높고 낮음을 분별해야 합니다.

어떤 것이 현명한 사람이 하는 일이며,

어떤 것이 어리석은 사람이 하는 일인가를 파악해

악을 버리고 오직 선의 길을 향해야 합니다.

3. 아이와 부모의 행동에 기품을 담아라

배움의 끝은 역시 실천이다. 배운 것을 실천할 수 있는 의식 수준이 되어야 한다. 다음 글은 『예기』의 '곡례' 편에 나온 말이다. 시대에 맞는 부분만 가려 골라 다시 풀어 썼으니, 아이에게 필사하게 하라.

상대의 이야기를 비스듬한 자세로 듣지 말자.

크게 소리쳐서 대답하지 말자.

사람을 곁눈질로 바라보지 말자.

게으르고 나태한 일상은 독이다.

사람을 내려다보며 거만한 표정으로 걷지 말자.

몸을 한쪽 발에만 의지해 비스듬히 서지 말자.

좋은 결과는 좋은 시작이 만든다

한 사람의 의식 수준은 그가 받아들일 모든 정보의 질을 결정한다. 좋은 것을 줘도 받아들이는 사람의 의식에 따라 질이 떨어질 수도, 더 좋아질 수도 있다. 하지만 그럼에도 우리가 아이의 의식 수준을 높이는 데 큰 노력을 하지 않는 이유는 생각보다 긴 시간이 걸리기 때문이다. 아이의 내일을 걱정하는 모든 부모에게 나는 꼭 이 말을 전하고 싶다.

좋은 결과는 좋은 시작이 결정한다.
시작부터 위대해야 좋은 결과를 낼 수 있다.

시작과 과정에 모든 것을 담자. 결과에 집착하는 마음은 언제나 우리를 불안하게 한다. 교육은 결과보다 과정이 중요하다. 우리가 인공지능을 두려워하는 이유는 결과에만 집착하기 때문이다. 인공지능에는 과정이 없다. 인간이 인간다운 이유는 과정에 있음을 기억하라.

4부

두뇌

하나를 보면 열을 깨닫는 지성인의 조건

아이의 재능을 깨우는 질문법

자기 분야에서 세상이 상상하지 못한 창조를 반복해서 보여주는 사람의 공통점은, 어릴 때부터 '질문하는 일상'을 보냈다는 데 있다. 우리 아이들도 처음에는 수많은 것을 물었다.

"자동차는 어떻게 움직이죠?"

"하늘은 왜 파란색인가요?"

하지만 본격적으로 공부를 시작하며 질문하는 일상에서 벗어나 정답을 찾는 일상을 보낸다. 그렇게 비극이 시작된다. 선생님과 부모가 질문하는 입장이 되고, 반대로 아이는 그들이 원하는 정답을 답하며 산다.

"선생님 말씀 잘 들었냐?"라는 질문이 아닌, "선생님께 무엇을 질문했니?"라는 질문이 필요하다. 다음 과정으로 일상에서 아이들을 생각하게 만드는 질문법을 실천할 수 있다.

1. 사소한 질문은 없다

"죽는다는 게 뭘까?"

"우리는 왜 물을 마실까?"

이런 질문은 사실 식상하거나 답이 뻔히 보인다고 생각할 수도 있다. 하지만 세상에 전혀 새로운 질문은 흔하지 않다. 익숙한 질문에서 새로운 사실을 발견해야 한다. 좋은 음악과 영화가 이제는 더 나오지 않을 것이라고 생각하지만 언제나 상상을 뛰어넘는 근사한 예술은 끊이지 않고 탄생해 우리를 즐겁게 한다. 그 중심에 바로 사소한 질문이 존재한다.

2. 설명할 수 없는 것을 설명하게 하자

아인슈타인은 "죽음이 무엇이라고 생각하는가?"라는 질문에 뭐라고 답했을까? 그는 "아름다운 모차르트의 음악을 듣지 못하게 되는 것이다."라는 시적인 답을 내놨다. 아인슈타인의 창조성은 같은 단어와 사물을 다르게 바라보고 해석하는 힘에서 시작한다. 모두가 같은 생각을 하고 있다면 살 이유가 없다. 다른 생각만이 우리의 삶에 가치를 부여할 수 있다. 세상에 사소한 것은 없다. 사소하다고 생각한 질문에서 위대한 것들이 탄생한다. 그 비결은 여기에 있다.

3. 모든 사물에 물음표를 달자

눈에 보이는 모래와 아파트, 학원과 편의점 등 모든 익숙한 것들을 낯설게 바라봐야 한다. 물음표를 적극 이용하는 게 좋다. 아무것도 당연하게 생각하지 말자.

"모래는 어떻게 여기까지 오게 되었을까?"

"편의점에서 가장 많이 팔리는 상품은 뭘까?"

"아파트는 저렇게 같은 자리에 오래 서 있으면 허리가 아프지 않을까?"

때론 대상에 생명을 부여하기도 하고, 고객의 입장에서 바라보기도 하며 물음표를 붙이는 일상을 보내야 생각하는 아이로 키울 수 있다. 아이는 생각하는 만큼 볼 수 있고, 본 만큼 창조한다. 아이가 생각하는 수준이 곧 창조할 크기를 결정하는 것이다.

생각이 멈추면 질문이 멈추고, 질문이 멈추면 답하는 삶을 살게 된다. 그런데 그 답은 나를 위한 답이 아닐 가능성이 높다. 나의 질문에서 나온 답이 아니기 때문이다. 결국 생각이 멈추면, 생각하는 누군가의 노예로 살게 된다. 생각이 곧 미래다.

하지만 질문을 멈춰야 할 때가 있다. 아이의 재능을 발견하기 위해서 부모는 늘 묻는다.

"너는 뭘 잘하는 것 같아?"

"네가 정말 하고 싶은 게 뭐야?"

하지만 정작 중요한 것은 '묻는 것'이 아니다. 몸을 숙여 고개를 들고, 가만히 아이를 바라보는 시간이 필요하다. 제대로 질문하기 위해서는 오랜 시간 참고 지켜봐야 한다. 그 시간이 모여 가장 적절한 질문을 할 수 있게 돕는다.

아이의 재능은 물과 같아서 매일 일상에서 흘러 부모를 스치고 지난다. 부모는 아이 밑에서 아주 조용히 어떤 것들이 내려오는지 살펴보면 된다. 하나하나 정성껏 바라보면 그 안에 아이가 보인다. 그렇게 발견한 재능을 꽃피게 하고 싶다면 매일 아이가 이 문장을 가슴으로 느끼게 하라.

우리는 평범하지만, 특별한 사람이다.

아이에게 "너는 특별해."라고만 말하지 말자. 훗날 자신의 평범성을 깨달은 아이는, 부모가 자신을 속였다고 생각할 것이다.

'평범하지만, 특별하다.'

이 문장이 아이의 재능을 깨울 수 있는 이유는, 평범하게 태어난 모든 사람도 분명 어떤 분야에서는 특별해질 수 있다는 삶의 무기가 될 힘을 주기 때문이다.

평범하다.

그러나 특별하다.

하나를 알아도 제대로 아는 아이의 비밀

B 5개 국어를 자유롭게 구사하는 동시에 깊이가 다른 과학자, 시대를 초월한 지성이자 뛰어난 음악가, 근사한 건축물을 만든 사람이자 위대한 자연과학자. 참 이상하지만 한 분야에서 남이 침범할 수 없을 정도의 업적을 남긴 사람들은 전혀 관계가 없다고 생각되는 다른 분야에서도 평균 이상의 성과를 남겼다. 한국에는 다산이, 독일에는 괴테가, 멀리 보면 고대 그리스의 아리스토텔레스와 이탈리아를 대표하는 천재 다빈치가 있다. 물론 우리의 삶에서 가까운 곳을 보면 그들처럼 다양한 분야에서 멈추지 않고 성장하는 사람들이 많다.

그들이 다양한 분야에서 자신의 전문성을 뽐낼 수 있던 힘은 어디에 있을까? 의외로 답은 매우 간단하다. 그들은 특별한 어린 시절을 보냈다. 일단 그들에게는 몇 가지 공통점이 있다. 부모님이 좋은 교사를 붙여줬지만 혼자의 힘으로 알고 싶은 것을 배웠다. 그리고 더 많이 알기 위해 노력하지 않았고 대신 하나를 제대로 알기 위해 노력했다. 수백 개의 공식을 아는 것보다 하나의 공식을 제대로 이해하는 게 중요하다. 전자는 아는 것을 설명할 수 없지만, 후자는 아는 것을 그것을 모르는 사람이 이해할 수 있게 설명할 수 있다. 설명할 수 있을 정도로 완벽히 이해했기 때문이다.

무언가 하나를 제대로 이해할 수 있는 힘, 그 힘이 나는 '지성인의 두뇌'에서 나온다고 생각한다. 하나를 제대로 이해하고, 그것을 글과 말로 설명하면서, 아이는 그 하나를 통해 열을 짐작하며, 백 개의 느낌을 가슴에 담을 수 있다. 이러한 과정이 순서에 맞게 이루어져야 세상에 존재하는 모든 지식이 나의 것이 되고, 내면에 잠든 실력을 발휘할 수 있게 된다.

아이가 자신의 잠재력을 믿게 하라

2017년에 출간한 『부모 인문학 수업』에도 썼지만, 워낙 중요한 내용이라 다시 언급한다. 하루는 어린 톨스토이가 그림을 그리고 있었다. 토끼를 그리고 있었는데, 이상하게도 그의 그림을 본 주변 어른들은 약속이라도 한 것처럼 어린 톨스토이를 바라보며 웃었다. 토끼를 빨간 색으로 그리고 있는 거였다. 그러자 어른들은 "세상에 토끼를 빨간 색으로 그리는 사람이 어디에 있니?"라고 물었고, 어린 톨스토이는 이렇게 답했다.

"세상에는 없지만 제 스케치북에는 있어요."

어린 톨스토이의 답은 내 머리를 뒤흔들었다. 어떻게 저런 멋진 답을 할 수 있을까? 그것도 어린 아이가. 왜 토끼를 빨간 색으로 그리느냐는 어른들의 비웃음에 어린 톨스토이가 "세상에는 없지만, 제 스케치북 안에는 있어요."라고 답한 것처럼, 우리 안에는 세상에 없는 새로운 것들이 많다. "하늘 아래 새로운 것은 아무것도 없다."라고 많은 사람이 말하지만, 그건 자기 안에 있는 근사한 것들의 존재를 모르는 사람들의 말일 뿐이다.

아이가 동기부여 문장을 필사하면서 지금도 자기 안에 존재하는 가능성에 대한 믿음을 갖게 하자.

나의 삶은 나의 것입니다.

내게 존재하는 모든 것은 현실로 만들 수 있습니다.

그렇게 만든 것이어야 나의 것이라고 부를 수 있으니까요.

내 안에는 나의 것이 매우 많습니다.

이제 할 일은 그것을 꺼내 세상에 보여주는 일이죠.

모든 준비는 끝났습니다.

그저 원하는 것을 꺼내면 됩니다.

지성인의 두뇌를 만드는 창의적인 교육

지성인의 두뇌를 가진 아이에게 창조는 새로운 것이 아니다. 그것은 항상 자신의 것이기 때문이다. 언제나 존재하지만 단지 그것을 아직 보지 못했을 뿐이다. 눈에 보이는 것은 아무것도 아니다. 계산할 수 없을 정도로 엄청난 것들이 지금도 우리가 자신을 발견하기를 기다리고 있다. 앞서 소개한 아인슈타인과 괴테, 아리스토텔레스 역시 마찬가지다. 그들의 삶은 언제나 무언가를 발견하며 연결하고 있다. 그들처럼 지성인의 두뇌를 가진 아이로 키우고 싶다면 일상에서 이런 방식으로 교육을 해보자.

1. 아이 안에 잠든 가능성을 바라보자

아이가 해변에서 모래로 무언가를 만들거나, 스케치북에 무언가를 그릴 때, 우리는 아이가 자기 안에 무엇을 담고 있는지 알게 된다. 새로운 것을 창조하는 게 아니라, 아이 안에 이미 존재하고 있는 것을 꺼내 만들고 그리는 것이기 때문이다. 그럴 때마다 부모는 아이를 유심히 관찰하며 어떤 가능성을 담고 있는지 지켜봐야 한다.

2. 아이가 자신의 가능성을 인식하게 하자

이 과정에서는 관찰 일기를 쓰면 좋다. 해변에서 모래로 만든 작품과 그림으로 그린 작품을 보면서 "네가 만든 작품을 봐. 얼마나 멋지니? 어떤 생각이 드니?"라고 질문하며 아이가 자신의 작품을 반복해서 바라보며 생각하게 하자. 뭐든 반복해서 바라보면 익숙해진다. 자기 안에 존재하는 가능성을 믿게 되는 것이다. 이때 해변에서 그냥 놀고 끝나는 게 아니라, 놀면서 아이가 만든 것을 질문을 통해 관찰하게 하고 짧아도 좋으니 글로 적게 하자. 만약 아이가 관찰 일기를 쓰기 싫어할 때 주의할 점은 "학교 숙제로 쓰는 일기 대신, 오늘은 관찰 일기를 쓰게 해줄게."라고 일종의 '협상'을 하면 안 된다는 것이다. 그럼 아이 입장에서는 관찰 일기도 일기처럼 하나의 숙제처럼 느껴진다. 최대한 놀이처럼 느껴질 수 있게 짧더라도 좋으니 현장에서 느낀 점을 간략하게 기록하게 하는 게 좋다.

3. 세상에 꺼낼 용기를 주자

세상에 배와 자동차가 없던 시절, 그때도 사람들은 이미 세상에 모든 것이 존재한다고 생각했다. 다시 말해서 배와 자동차란 존재를 창조할 생각을 하지 못한 것이다. 마차 이상의 존재를 상상하지 못했기 때문이다. 아이들에게는 위대한 상상력이 존재한다. 자기 안에 존재하는 것을 꺼낼 용기만 있으면 된다. 어른들이 그걸 누르고 제압하지 않으면 아이들은 자기 안에 존재하는 상상력을 꺼내 세상을 놀라게 할 것이다. 부모는 '아이들이 따로 무언가를 만들지 않고도, 그저 아이 안에 숨어 있는 잠재력을 꺼내기만 해도 충분하다.'는 사실을 인식해야 한다. 어려운 일은 아니지만 그게 쉽지 않은 이유는, 자꾸만 뭔가를 만들어야 한다는 강요를 받기 때문이다. 기술이 필요한 게 아니라, 그저 꺼내면 된다는 사실을 기억하자.

아이가 천재성을 발휘하는 방법

B 아이는 누구나 천재성을 가지고 태어난다. 내가 말하는 천재성이란 위대한 지능을 말하는 것은 아니다. 자기 삶에서 무언가를 목표로 삼고, 그것을 가장 창의적인 방법으로 해결할 능력이 있다는 것이다. 그러나 세월이 흘러가며, 시간은 자꾸 아이의 천재성을 지운다. 이유가 뭘까? 바로 자연을 제대로 사용하지 못하기 때문이다.

자연은 시시각각으로 변하며 언제나 우리에게 다양한 영감을 제공한다. 다만 그것을 발견하는 사람에게만 자신을 허락한다. 아이의 천재성이 자꾸 지워지는 이유는 자연이 주는 영감을 느끼지 못하기 때문이다. 영감에 지식을 녹이고 자기 생각을 연결하면 세상에 없던 것을 창조할 수 있다. 아이가 자연을 진실로 느낄 수 있다면 자기 안에 존재하는 천재성을 꺼낼 수 있을 것이다.

자연을 새롭게 바라보라

좋은 책을 아무리 많이 읽어도, 유명한 선생에게 수많은 지식을 얻어도 아이의 공부에 변화가 이루어지지 않는 이유는 무엇일까? 아이가 자연을 새롭게 바라볼 시선을 갖고 있지 않기 때문이다. 위대한 고전 천 권을 읽는 것보다 중요한 건 자연에서 천 개의 영감을 발견하는 것이다. 아이에게 꿀에 대해서 먼저 이야기를 나눈 다음, 꽃이 담긴 화병을 앞에 두고 아래 동기부여 문장을 함께 필사해보자.

벌이 꽃에서 꿀을 발견하는 것처럼
우리는 다른 사람이 남긴 지식을 바탕으로,
세상에 없던 것을 창조할 수 있습니다.
하지만 꽃을 그저 지켜보는 사람은 알 수 없습니다.
벌이 왜 꽃을 향해 날아가는지,
꽃은 왜 벌을 부르는지,
그 풍경을 바라보며 질문한 사람만이
자연에서 위대한 영감을 발견할 수 있으니까요.

다음 내용은 부모가 필사하면 좋다. 아이를 바라보며 늘 이런 생각을 하겠다고 다짐하며 필사에 임하자.

규제가 많아지면 조직과 사람은 활력을 잃는다.
마찬가지로 아이의 삶을 제한하는 규제가 많아지면,
아이는 배우려는 열정을 잃고 주입식 교육에 기대어 살게 된다.
규제로 우리가 얻을 수 있는 모든 것은
마취제로 만드는 매우 일시적인 현상일 뿐이다.
아주 잠깐 착한 아이처럼 만들 수 있고,
아주 잠깐 우등생으로 만들 수 있지만,
영원히 길들일 수는 없다는 사실을 알아야 한다.
규제 안에서 세상이 정한 것을 열심히 배우면
필연적으로 그것을 배운 아이들과 경쟁해야 한다.
같은 것을 배운 사람은 같은 지식으로 경쟁하며 산다.
그들은 공존하며 사는 법을 알 수 없다.
하지만 규제 밖에서 자신이 본 것을 배운 아이는
다른 지식으로 경쟁이 아닌 공존하며 살 힘을 얻게 된다.
공존은 착한 마음의 문제가 아니라,
다른 시선으로 얻은 힘이 주는 특권이다.
배우려는 열정은 바람처럼 지나가야 한다.
어디에서 어디로 가는지 자신도 모르게 지나가며,

아이는 상상할 수 없었던 가르침을 받게 된다.

열정적으로 배우는 아이로 자라기를 바란다면,

아이에게 필요한 건 철저한 규제가 아니라

어디에도 속하지 않는 깊은 자유다.

부모, 자신의 삶을 사는 데 집중하라

아이들의 삶은 설명서가 없는 조립식이다. 하지만 여기저기에서 혹은 학원과 학교에서 다양한 이야기를 듣고 혼란에 빠진다. 자꾸 조립하려고 하기 때문이다. 부모도 마찬가지다. 자신이 생각한 멋진 모습은 아이가 생각할 때 원하는 모습이 아닐 가능성이 높다. 자기 인생 경험으로 아이를 조립하려고 하지 말자. 가만히 지켜보면 모든 아이는 저마다 자신의 모습을 조립해 나갈 것이다.

단, 조건이 하나 있다. 부모가 자신의 삶을 살아야 한다. 자신의 삶을 사는 데 집중하라. 부모가 자신의 삶을 살면 아이가 자신의 삶을 살지 않을 수가 없다. 아이를 조립하겠다는 욕망에서 벗어나, 그대는 그대 내면의 중심에 머물러라. 그게 아이를 사랑하는 부모가 할 수 있는 최선의 방법이다. 내면의 중심에 머물고 싶다면 자기만의 원칙을 만들고 철저하게 지켜보라.

나는 하루 중 3시간 이상은 정원을 바라보며 독서를 하고, 때론 실내자전거를 탄다. 내 일상 중에 가장 창조적인 시간이다. 자연이 내게 무언가를 계속 말해주기 때문이다. 나는 그것을 그대로 적어 세상에 공개하고, 그 글을 읽은 사람들은 나를 작가라고 부른다. 글도 그렇지만 음악과 미술, 기업의 경영전략도 자연에서 시작한 경우가 매우 많다. 자연에 자신도 모르게 가까이 다가갈 때, 비로소 아무도 생각하지 못한 것을 창조할 영감을 발견할 수 있다. 가장 중요한 것은 부모가 그렇게 살면, 아이는 그렇게 살고 싶지 않아도 저절로 그렇게 될 거라는 사실이다. 아이에게 보고 싶은 것을 부모 자신의 일상에서 실천하라. 세상에서 가장 완벽한 미리보기는 부모의 삶에 존재한다.

질문하는 교육으로 학습 능력을 높여라

지난 15년 이상 질문에 대한 책을 세 권이나 발간할 정도로, 나는 매우 오랜 기간 질문에 대해 연구했다. 그 결과 공부를 잘하는 아이들의 머리가 그렇지 않은 아이와 다른 건, 질문할 줄 안다는 점을 발견했다. 사실 질문은 어른들도 매우 어렵게 생각하는 부분이지만, 일상으로 데려올 수 있다면 이야기는 달라진다.

아이들과 이런 방식의 질문으로 대화를 나눠보자. 모두 비슷한 주제를 다른 상황에 맞게 바꾼 것이므로, 아이가 가장 이해하기 쉬운 질문을 선택해서 대화를 하면 된다.

"식당 메뉴판에 메뉴가 자꾸 늘어난다는 사실은 무엇을 의미하는 걸까?"

"나의 소개를 적는 자리에 쓴 특기가 자꾸 늘어난다는 것은 무엇을 의미할까?"

"가장 잘하는 게임의 이름을 물으면 동시에 다양한 게임이 생각나는 이유는 뭘까?"

아이와 함께 충분히 생각하자. 가장 잘하는 것 하나만 말하라고 했을 때 망설이며 수많은 것을 답한다는 것은, 오히려 그 사람의 무능을 여실히 보여주는 거라고 볼 수도 있다. 특기도, 잘하는 게임도, 여러 메뉴가 적힌 메뉴판도 이와 비슷하다. 단 하나의 특기나 게임을 말하는 것이, 단 하나의 메뉴만 적힌 메뉴판이 더 자신감 넘쳐 보이고 당사자의 특화성을 증명하는 가장 좋은 방법이 될 수도 있다는 것을 아이와 이야기해보자.

아이와 함께 동네를 산책하며 새로 생긴 분식점을 유심히 관찰하는 것도 좋다. 처음에는 라면이나 떡볶이, 튀김 등 익숙한 분식을 팔지만, 맛이 없어 장사가 잘 되지 않으면 백반이나 냉면 등 각종 면요리가 추가되기도 하는 과정을 함께 지켜보며 그 상황에 대한 생각을 나누는 것도 아이에게 좋은 영향을 줄 수 있다.

공부할 때도 마찬가지다. 하나를 제대로 이해하지 못하고 뒤로 넘어가면, 그 책을 끝까지 다 배워도 하나도 기억에 남길 수가 없다. 하나를 제대로 알지 못한 채 배운 열 가지는, 오히려 시간을 낭비하며 공부를 망칠 뿐이다.

긍정과 희망의 관점으로 생각하라

공부는 머리 속에서 보이지 않는 미래를 창조하는 것이다. 공부 머리를 깨우기 위해서는 상황을 대하는 적절한 질문과 새로운 시선이 필요하다. 물론 일상에서 가능하다. 집 근처에 내가 매우 좋아하는 병원이 하나 있다. 의사가 늘 친절하며 고객 입장에서 말하기 때문에 없어지지 않기를 바라며 소중하게 생각하는 곳이다. 그런데 최근 그가 옮긴 건물이 아버지 소유의 건물이라는 소식을 들었다. 서울 중심지 그것도 노른자 지역에 있는 15층 정도의 빌딩 주인 아들이었던 거다. 그 소식을 들은 한 지인은 "그러니까 편안하게 환자를 친절하게 대했지. 돈이 있으니까."라고 말했지만, 나는 전혀 다르게 생각했다.

"돈도 많은데, 그렇게 환자를 정성을 다해 대할 수 있다니, 역시 정말 자기 일을 사랑하는 사람이었네."

같은 상황이지만 전혀 다르게 읽은 것이다. 다르게 읽어야 다른 게 보인다. 그래서 공부 지능을 자극하는 질문은 '긍정'과 '희망'의 관점으로 시작해야 한다. 보이지 않는 미래는 그런 시선으로만 볼 수 있기 때문이다. 어떤 말을 해도 자꾸만 부정적으로 해석하는 사람은 보이지 않는 세상을 볼 수 없다. 그 부분을 분명히 언급하며 아이에게 다음 글을 필사하게 하자.

미워할 이유는 쉽게 찾을 수 있지만,

배울 이유는 생각해야 발견할 수 있습니다.

그게 바로 깨달음이 쉽지 않은 이유입니다.

배우는 것은 누구나 할 수 있지만,

깨달음은 누구에게나 오지 않습니다.

나는 내가 아는 모든 사람을

사랑할 수도 미워할 수도 있습니다.

그가 밉다면 미워하기를 선택했을 뿐입니다.

나는 내가 선택한 만큼 배울 수 있습니다.

공부 두뇌를 자극하는 질문하는 일기

일기는 매일 쓸 수 있으며, 그날 있었던 일을 쓰는 것이지만 자신의 생각과 행동을 반성하며 다른 내일을 기약하는 글이기도 하다. 그래서 자기주도 학습력을 키우기에 안성맞춤이다. 매일 다른 질문으로 새롭게 자극할 수 있기 때문이다. 다음 과정을 참고하여 아이의 학습 능력을 깨우는 일기를 써보자.

1. 이유를 묻자

식당에서 튀김을 먹은 경험을 일기로 쓰면 대개 이런 방식으로 쓰게 된다.

"튀긴 건 다 맛있다."

하지만 이런 식의 글은 생각을 자극할 수 없다. 상황에 대해 언급할 때는, 그 이유에 대해 질문해보자.

"튀긴 건 왜 다 맛있을까?"

"같은 음식도 튀기면 더 맛있게 느껴지는 이유는 뭘까?"

이런 방식으로 질문하면 다른 사람과 다른 자신만의 이유를 찾을 수 있게 된다. 아이의 답이 대단하지 않게 생각되더라도 반갑게 호응하며 계속 생각을 자극하자.

2. 방법을 찾자

공부는 결국 새로운 방법을 찾는 행위다. 자신의 방법이 있는 아이는 어떤 것을 배워도 자기만의 것으로 만든다. 방법을 찾는 질문을 자주 던져봐야 한다. 이를테면 아이가 "저 친구는 왜 자꾸 나를 힘들게 할까?"라는 고민을 털어 놓는다고 가정해보자. 결국 힘든 것은 본인이다. 친구가 힘들게 한 것이 아니라 스스로 어떤 모습을 보며 힘들어했기 때문이다. 굴레에서 벗어날 방법을 생각해야 한다.

"친구가 주는 고통에서 어떻게 하면 벗어날 수 있을까?"

"다른 사람의 시선에서 자유를 얻기 위해서 나는 무엇을 해야 하나?"

이런 식으로 방법을 찾는 질문을 하면 좋다. 그저 현실을 괴롭게 생각하기보다는 새롭게 바꿀 수 있는 방법을 찾으며, 아이는 어떤 문제에 막혀도 풀 방법이 있다는 사실을 알게 될 것이다.

3. 경험을 남기자

모든 글은 실천으로 끝내야 한다. 이유를 묻고, 방법을 찾으면 일상에서 어떻게 실천해야 할지 그 과정을 생각할 수 있다. 이를테면 '매일 30분 산책을 하자.'라는 생각에서 시작해, '왜 산책을 해야 하는가?'라는 질문으로 이유를 찾고, '하루 30분 산책을 실천하려면 어떻게 해야 하나?'라는 질문으로 방법을 찾았다면 그것을 일상에서 실천해보자. 아침에 30분 일찍 일어날 수도 있고, 학교에 다녀와서 게임을 하는 대신 산책 30분을 선택할 수도 있다. 각각 그 느낌을 글로 적으면 어디에서도 읽을 수 없는 나만의 특별한 글이 될 것이다. 그렇게 스스로 이유를 생각하고 방법을 찾아낸 것을 일상에서 실천한 아이는 그 내용을 일기로 쓰며 두뇌를 자주 자극할 수 있어 공부 완성도를 높일 수 있을 것이다.

보상을 바라지 않으면 공부 경쟁력이 생긴다

 아이의 공부에 대한 많은 부모의 걱정은 다음과 같이 구분할 수 있다.

① 한때 공부를 잘했지만, 지금은 공부를 하지 않는 아이.

② 자신이 왜 공부를 못하는지 모르는 아이.

③ 성적이 갑자기 떨어졌는데 오를 기미가 보이지 않는 아이.

이런 식의 모든 현실은 부모를 힘들게 한다. 공부를 하라고 아무리 말해도, 좋은 학원을 다녀봐도 문제는 풀리지 않고 한숨만 나온다. 이런 상황에서 공통적으로 발생하는 문제는, 정작 당사자인 아이는 너무나도 편안하다는 사실이다. 부모의 마음은 정말 힘들고 걱정에 잠도 제대로 못 자는데 아이는 세상 편안한 표정으로 사는 이유가 뭘까? 아이가 "넌 걱정도 안 되니?"라는 하소연을 하고 싶을 정도로 편안한 표정을 짓는 이유는, 지금 자신에게 왜 공부가 필요한지 정말로 모르기 때문이다. 자신이 어느 부분이 부족한지 아는 아이는 가만 있을 수가 없다. 하지만 아무것도 모르는 아이는 편안하다. 이게 가장 큰 문제다. 해결책은 없는 걸까?

시선을 돌려서 공부와 인성, 그리고 기품까지 갖춘 사람들에게 "열심히 공부한 세월로 당신은 무엇을 얻었나요?"라고 물으면 어떤 답이 나올까? "좋은 직장에 다니고 있죠." "멋진 이성을 만나 사귀고 있죠." "돈과 지위를 얻었습니다."라는 답은 그것을 갖추지 못한 사람의 상상일 뿐이다. 그렇게 생각하니 원하는 것을 아무것도 얻지 못한 거라고도 볼 수도 있다. 공부와 인성, 기품까지 갖춘 사람들의 답은 매우 간단하다.

"저는 보상을 받기 위해 공부한 게 아닙니다."

공부 경쟁력, 어떻게 갖출 수 있을까?

앞서 소개한 공부와 인성, 기품까지 갖춘 사람들의 세월을 거꾸로 들여다보면, 공부 경쟁력이 어디에서 나왔는지 알게 된다.

① 공부를 해야 하기 때문에 열심히 했다.
② 이유는, 그것이 필요하다는 사실을 알았기 때문이다.
③ 그 이유는, 무엇이 부족한지 스스로 깨달았기 때문이다.
④ 모든 이유의 본질은, 기초 지식부터 차근차근 배웠기 때문이다.

수많은 학자와 과학자를 배출한 독일의 수학 교육은 기초를 매우 중요하게 생각한다. 그래서 수학의 기초인 구구단을 매우 특별한 방법으로 배운다. 초등학교 2학년부터 무려 1년간이나 구구단을 배우는 것이다. 놀랍게도 가장 쉬운 2단을 배우는 데 몇 개월을 투자하기도 한다. 아니, 사실 배우는 게 아니라 아이가 스스로 깨우칠 때까지 기다린다. 이유는 간단하다. 기초가 가장 중요하며 그게 바로 흥미로 이어지며 그 아이의 공부 경쟁력을 결정하기 때문이다. 모든 응용은 기초를 아는 데부터 시작한다. 주입하려는 마음을 버리고, 원리를 가르치고 스스로 알게 하면서 아이들은 보상을 원하지 않고 공부하는 지성인의 풍모를 가질 수 있다. 아래 글을 필사하게 하면서 기초의 중요성에 대해 알려주자.

빠르게 뛰기 위해서는

빠른 걸음을 익히는 게 먼저고,

빠르게 걷기 위해서는

가만히 오래 서 있을 수 있는 힘을 길러야 합니다.

처음부터 원하는 속도로 달릴 수 있는 사람은 없으니까요.

누구나 같은 자리에서

지루함을 견디며 힘을 길러야 합니다.

기초가 튼튼해야

원하는 곳에 갈 수 있으니까요.

성적표만 신경 쓰면 공부를 망친다

보상을 받으려고 한 공부는 아이에게 가치 있는 것을 남기지 않는다. 성적표에 찍힌 숫자와 대학 입학증으로만 남는 공부는 아이를 망칠 뿐이다. "공부 잘하면 원하는 거 모두 다 사줄게."라는 말은 아이에게도 부모에게도 달콤하다. 돈만 있으면 서로가 행복해질 수 있기 때문이다. 하지만 과연 그게 훗날을 생각할 때 좋은 선택일까? 아이는 당근을 주면 따라오는 말이 아니다. 왜 자꾸 아이를 동물로 만들려고 하는가? 먹이만 따라가는 동물, 공부만 잘하는 아이, 결국 같은 표현이다.

결국 기초를 반복하는 과정을 거쳐야 비로소 우리는 기초를 멋지게 응용할 수 있다. 탄탄한 기초가 아이 삶에 막대한 영향을 미친다. 대상이 무엇이든 그것에 대해 가장 확실하게 아는 방법은 반복이다. 지루한 방법이 가장 현명한 안목을 갖게 해주기 때문이다. 구구단을 단순하게 계산의 목적으로만 배우게 하는 것은, 아이가 느낄 수학에 대한 흥미를 가장 빠르게 빼앗는 길이다.

모든 배움은 일상에서 아주 느리게 시작해야 한다. 계단을 올라가면서도 우리는 아이에게 구구단의 2단을 알려줄 수 있다. 한 번에 두 계단씩, 두 번 올라간 후에 "엄마가 지금 총 몇 계단을 올라갔지?"라고 물으며 자연스럽게 구구단의 원리를 파악할 수 있다. 중요한 건 의미를 알려주는 일이다. 한 번에 두 계단씩 총 두 번 올라갔으니 2×2를 해서 4라는 답을 맞히는 게 중요한 게 아니다. 여기에서는 4라는 의미를 설명하는 게 핵심이다. 아이가 "답은 4입니다."가 아니라, "엄마가 한 번에 두 계단을 두 번 올라가서 총 4계단을 올라갔어요."라고 답하게 하자.

물건을 살 때도, 라면에 파를 넣을 때도, 거리에서 보도블록 위를 걸을 때도 우리는 얼마든지 아이에게 숫자와 그 의미를 가르칠 수 있다. 일상이 배움이고, 배움이 일상이라는 사실을 아이가 알게 된다면 공부에 재미가 붙고, 성취감을 느끼며, 현실에 유용하다는 것도 동시에 알게 된다. 일상이 배움이고, 배움이 일상이다.

배움의 대상을 사랑하는 아이는 무엇이 다른가?

B 여기 두 사람이 있다. 만약 그들에게 같은 음악을 들려주며 노래 가사를 적게 하면 거의 비슷한 답을 내놓을 것이다. 언어를 아는 이상 가사를 틀릴 수는 없으니까. 하지만 같은 음악을 들으며 무슨 악기가 나왔는지 파악하라고 하면 둘은 음악에 대한 이해도에 따라 전혀 다른 답을 내놓을 것이다. 이것을 일의 개념에서 바라보자. 먼저 오래 가사를 적는 것은 '누구나 할 수 있는 일을 타인의 명령을 받고 하는 경우'이고, 악기를 파악하는 것은 '그 일을 잘 아는 사람과 모르는 사람의 차이를 보여주는 경우'이다. 이때, 같은 음악을 들으며 "어느 부분에 어떤 악기가 추가로 들어가고 빠지면 좋겠냐?"라는 질문에 가장 적절히 답할 수 있는 사람은 그 일에 대해 알고 있고 동시에 잘 배울 수 있는 사람이다. 단순하게 아는 사람은 지식에서 멈추지

만, 잘 배우는 사람은 언제나 끝이 없다고 생각하며 더 나은 형태에 대해 생각하기 때문이다. 그들은 아예 판을 바꾼다. 당연히 매일 성장하며 매일 다른 것을 창조한다. 그게 바로 우리 아이들이 잘 배울 줄 아는 사람으로 성장해야 할 이유다. 무언가를 잘 배우기 위해서 가장 먼저 필요한 건 사랑이다. 아이와 함께 아래 문장을 필사하고, 배움과 사랑의 공통점을 찾는 대화를 해보자.

배우려는 것을 먼저 사랑하라.

배움의 대상을 사랑하는 마음이 없으면 대상에 몰입할 수가 없다. 물론 사랑은 인위적으로 만들 수 없다. 하지만 사랑의 불씨는 충분히 만들 수 있다. "이걸 대체 왜 배워야 하지?"라는 의심을 "이걸 어떻게 하면 잘 배울 수 있을까?"라는 호기심으로 바꿔서 생각하면 배우려는 것을 사랑할 마음을 가질 수 있다. 조금 더 다가가려고 노력하자. 점수와 자격에만 매달리지 말고 과정과 내용을 마음에 담자. 다가가 알게 되면 이해하게 되고, 결국 사랑하게 되기 때문이다.

사랑이 없는 지식은 바람보다 가볍다

배우려는 것을 사랑하는 마음을 가졌다면, 이제 필요한 것은 배움을 전하는 사람을 사랑하는 것이다. 선생님이나 부모님 등 자신에게 무언가를 가르쳐주는 사람을 사랑하는 마음으로 바라보는 일이 얼마나 중요한지 알려주는 게 필요하다. 마찬가지로 갑자기 자신에게 무언가를 가르치는 사람을 사랑하는 마음으로 바라보기는 힘들다. 그게 힘들다면 순서를 바꾸면 된다. 사랑하는 마음을 가지면서 우리가 얻게 되는 시선으로 그를 바라보면 된다. 아래 글을 필사하며 그 마음을 느끼게 해보자.

"그게 무슨 관련이 있지?"라는 의심을
"왜 그런 이야기를 하는 걸까?"라는 호기심으로 바꾸면
배움을 전하는 사람을 조금씩 사랑할 수 있습니다.
우리는 사랑하는 사람에게서만 배울 수 있습니다.
사랑하지 않으면 하나도 배울 수 없습니다.
가벼운 바람에도 쌓은 모든 것이 날아갈 수 있습니다.
사랑이 없는 지식은 바람보다 가볍기 때문입니다.

아이의 오늘을 세심하게 관찰하라

아이를 잘 배우는 사람으로 키우고 싶다면, 부모가 그럴 안목을 가진 사람이 되어야 한다. 과거를 바라보며 본질을 발견할 수 있어야 하는데, 공부는 현재로부터 과거를 짐작하는 일이기 때문이다. 지금도 호수 위에 우아하게 떠 있는 오리는 수면 아래에서 쉬지 않고 발버둥을 치고 있고, 지금 그대 앞에 앉아 있는 멋진 정장을 입은 그대가 삶의 대가라고 부르는 사람은, 그 자리에 앉기 위해 수십년 동안 치열한 세월을 보냈다. 그대는 무엇을 바라보는가? 수면 위에서 우아하게 지나가는 오리, 멋진 정장을 입고 앞에 앉아 있는 현재의 그를 보는가? 모든 성공은 저마다 다르다. 하지만 나는 분명히 아는 사실이 하나 있다.

'우리가 지금 입을 벌리고 바라보는 놀라운 현재는, 우리가 발견하지 못한 것들로 구성되어 있다.'

우리는 우리가 바라보는 것만 알 수 있다. 다시 말해서, 우리가 발견하지 못한 것들의 제어를 받고 산다. 눈에 보이는 현재의 모든 상황은, 눈에 보이지 않는 것들로 가득하다. 다시 강조하지만, 모두가 다 아는 사실은 사실이 아니다.

앞서 강조했지만 사랑해야 보인다. 배우고 싶은 대상이나 사람이 있다면 사랑하는 마음으로 세심하게 현재를 바라보면, 그의 확실한 과거를 알 수 있다. 아이와 함께 사랑하는 마음으로 아무도 바라보지 않는 곳을 찾아라. 거기에 그대의 현실을 바꿀 그 사람의 과거가 있다.

자존감의 깊이가 공부의 깊이를 결정한다

"내게 부모 자격이 있는 걸까?"

부모라면 가장 자주 하는 고민 중 하나다. 동시에 가장 자신을 괴롭히는 질문이기도 하다. 잘 살고 있다가 아이에게 조금만 문제가 생기면 바로 자신에게 부모 자격이 없는 게 아닌지 돌아보게 된다. 사회에서 어떤 고통에도 멈추지 않고 모든 것을 자신의 일을 해내는 자존감이 넘치는 사람도, 집에서는 다르다. 자존감은 모든 장소에서 그 힘을 발휘하지는 않는다. '사회 자존감'과 '부모 자존감'은 다르다. 가정에서는 아이를 위한 부모 자존감이 따로 필요하다. 아이들은 밖에서 따뜻한 사람이 아니라 집에서 따뜻한 부모를, 밖에서 능력 있는 사람이 아니라 집에서 자신을 아껴 주는 부모를 원하기 때문이다. 아이가 가정에서 편안하게 지내며 공부할 수 있게 하려면, 먼저 부모 자존감의 크기를 확장해야 한다. 자존감에 대해 한 번 생각해보자.

'자존감은 왜 우리 삶에서 자꾸만 도망가려고 할까?'

지키겠다고 다짐한 것들을 늘 지키지 못했기 때문이다. 좋은 것은 언제나 쉽게 사라지고, 나쁜 것은 그 자리에 남아 우리를 아프게 한다. 결국 푸념만 늘고 자신을 학대하는 말로 하루를 채운다.

"아, 나는 정말 어쩔 수 없는 건가?"

"내가 그렇지 뭐, 그냥 생긴 대로 살자."

그렇게 스스로 자신에게 믿음을 주지 못하니, 자존감이 도망치지 않고 버틸 재간이 없다.

부모의 자존감은 아이에게 이어진다

자존감이 나약한 부모는 결국 아이를 힘으로 제압하려고 한다. "너 공부하라고 했지!"라는 말도 마치 귀족이 노예에게 명령하듯 말로 찍어 누른다. 스파르타 방식의 공부는 아이를 노예로 만드는 지름길이다. 노예로 사는 게 암울한 진짜 이유는, 아이가 나중에 어른이 되면 자신을 노예로 키운 부모에게 어떤 방식으로도 복수한다는 사실이다. 효도를 하지 않는 것만이 복수가 아니다. 부모 입장에서는 아이가 성인이 되었음에도 제대로 살지 못하면, 그것보다 아픈 복수는 없다.

부모의 자존감은 그대로 아이의 자존감으로 이어진다. 아이의 자존감은 공부와 바로 직결되는 문제이기 때문에 매우 중요하다. 부모도 노력하며 동시에 아이도 노력해야 한다. 부모가 공부를 억지로 시키는 이유는, 아직 아이가 스스로 공부를 해야 할 이유를 찾지 못했기 때문이다. 스스로 공부할 이유를 찾지 못한 이유는, '나'라는 존재의 소중한 가치를 아직 발견하지 못했기 때문이다. 아이들이 매일 자신에게 작은 믿음 하나를 선물할 수 있게 하자. 다음의 글을 필사하며 그 가치를 스스로 느끼게 하자. 부모와 함께 필사하기를 바란다.

나는 누구보다 내가 먼저라는 사실을 알고 있습니다.

나와의 약속이 우선인 이유는,

누군가를 돕고 싶다면

더 절실히 자신에게 집중해야 하기 때문이죠.

내 일상이 제대로 서지 않으면,

돕고 싶은 그 사람에게 내민 내 손은

그 사람을 헤어날 수 없는 늪으로 안내할 뿐입니다.

나는 바로 설 나의 미래를 믿습니다.

부모와 아이의 자존감을 키우는 삶의 자세

자존감의 깊이가 공부의 깊이를 결정하는 이유는, 배운 것을 내면 깊이 담을 수 있기 때문이다. 자존감이 단단한 사람은 침착하고 차분하며, 오래 생각하고 더 현명하게 답한다.

하지만 길을 걷거나 사람들이 많이 모인 장소에 가면 욕설이 난무하는 곳이 많다. "욕을 섞은 글을 쓰거나 말하지 않겠다."라고 다짐하지만, 내일이면 다시 세상에 분노해서 욕을 내뱉는다. 그렇게 일상에 별 쓸모가 없는 연예인과 드라마 이야기로, 우리의 소중한 하루를 소비한다.

욕과 자극적인 이야기는 언제나 우리를 유혹한다. "이제는 하지 않겠다."라고 수없이 다짐하지만, 자신과의 약속은 잘 지켜지지 않는다. 그들은 자존감이 거의 없는 사람들이다. 세상의 문제도 물론 중요하지만, 그렇게 매번 감정이 바뀌며 세상의 소리에 민감하게 반응하는 이유는 결국 연약한 자존감 문제이기 때문이다. 부모가 아이와 함께 다음 삶의 자세를 지키려고 노력하면 자존감 형성에도 도움이 되고, 아이 공부에도 좋은 영향을 줄 수 있을 것이다.

1.시작은 위험하지만, 우리는 시작하기 위해 태어났다

자존감이 약한 사람은 자꾸만 타인의 명령만 받으려고 한다. 그 삶에서 벗어나자. 내가 시작하고 내가 끝내야 그 결과를 나의 것이라고 부를 수 있기 때문이다. 일상에서 아주 사소한 일이라도 아이와 함께 뭔가를 새롭게 시작해보자. 아이가 직접 기르는 작은 화분 하나를 사서 관리하게 하는 것도 좋다. 하나의 생명을 바로 앞에서 가꾸며 생명 하나를 책임지고 있다는 데서 오는 자존감과 그로 인한 배움을 동시에 얻을 수 있기 때문이다.

2. 생각한 것을 가르치지 말고, 생각하는 것을 가르치자

내면에 배운 것을 제대로 담지 못하는 아이들의 특징은 생각하는 것을 배운 적이 없다는 것이다. 공부에 대한 다양한 책이 있다. 이 말은 매우 중요한 두 가지 사실을 의미한다. 하나는 아직 공부법의 정론이 탄생하지 않았다는 사실이고, 나머지 하나는 공부는 결국 자기의 방법을 찾아내야 한다는 것을 의미한다. 공부법에 대한 책이 수백 권 나온 이유는, 저마다 다른 공부법을 갖고 있다는 증거이기 때문이다. 남이 생각한 것을 가르치지 말고 생각하는 것을 가르치자. 자기만의 공부법을 스스로 만들어낼 수 있게 하자.

지적 성취 능력을 좌우하는 단어 정의법

아이가 매우 강력한 의지로 공부해서 이번에는 꼭 좋은 점수를 받겠다며 치른 시험 결과가 나오는 날, 학교에서 돌아온 아이가 "엄마, 저 시험 결과 나왔어요."라고 말하며 들어온다.

"어, 그래 우리 귀염둥이. 점수는 어때?"

아이는 바로 대답을 하지 못한 채 금방이라도 눈물이 나올 것처럼 슬픈 표정으로, "기대 이하야…."라고 말한 채 돌아선다. 사실 요즘에는 부모보다 아이가 성적에 더 민감하다. 부모의 기대를 알기 때문에 스스로 더 잘하려고 노력하기 때문이다. 하지만 그렇다고 모든 아이가 마음처럼 좋은 성적을 받는 건 아니다. 성취는 마음을 먹는다고 이루어지는 것은 아니기 때문이다. 생각 없이 그냥 해서 이루어지는 일은 거의 없다. 분명한 방법으로 시작해야 한다.

어떻게 하면 아이에게 지적 성취 능력을 길러줄 수 있을까? 답은 '최선'이라는 단어의 정의에 있다.

'금메달보다 빛나는 은메달'

'세상에서 가장 아름다운 꼴등'

올림픽 경기가 열리는 내내 언급되는 표현 중 하나다. 올림픽에 출전하는 선수들은 4년을 다시는 그렇게 할 수 없을 정도의 노력으로 치열하게 준비해서, 매우 짧은 순간에 모든 것을 불태우는 사람들이다. 아이들은 묻는다.

"왜 금메달보다 은메달이 빛나요?"

그럼 부모는 "최선을 다하면 그걸로 충분하단다."라고 답할 수밖에 없다. 문제는 아이들 생각이다. 아이들이 그 말을 제대로 이해할 수 있을까? 아이들은 혼란스러울 것이다. 대체 최선이라는 말은 뭘까?

또 하나, 올림픽을 보면서는 최선을 다하면 아름다운 거라며 한없이 선수들에게 관대한 부모가, 시험 성적표가 나올 때마다 오직 점수로만 판단하며 자신을 혼낼 때 아이들은 어떤 생각을 하게 될까? "최선을 다했다."라는 말에, "최선을 다하면 다냐!"라고 응수하는 부모의 표정을 보며 무슨 생각을 할까? 혼란스러운 감정에서 벗어나기 위해서는, 단어를 먼저 정의해야 한다.

'최선'의 의미를 아이와 다시 정의해보자

최선을 다하는 게 무엇인지, 그 기준을 정확히 정해야 한다. "최선을 다했다면 충분하다."라는 표현은 그저 세상이 정한 표현일 뿐이다. 그 기준을 내 아이의 성적에는 적용하지 못하는 이유가 바로 거기에 있다. 부모가 기준을 제대로 정해야 아이가 흔들리지 않는다. 만약 하루 30분 스스로 학습을 하기로 했다면, 아이에게 매일 잠자기 전에 계획을 실천했는지 질문해보라. 확인하거나 감시하려는 목적이 아니라는 것을 분명히 하자. 매일 30분이나 스스로 공부하는 것은 힘든 일이다. 하지만 그 중요성은 반드시 알려줘야 한다. "뭐 하루 정도야 괜찮겠지."라며 대충 넘어가지 말고 부모가 이런 가이드라인을 정해주면 아이 입장에서는 답하기 수월하다.

"남이 보기에 30분 공부한 것처럼 보이는 게 아니라, 스스로 정말 30분 동안 공부했다는 것을 느낀 시간이었니?"

만약 아이가 그렇다고 답하면, "그럼 너는 최선을 다한 거야!"라고 격려하며, 동시에 다음 글을 필사하게 하자. 필사에도 적절한 때가 있다는 것을 기억해야 한다. 부모가 주는 싶은 것을 아이가 경험하며 무언가를 느낀 그 순간이 바로 가장 적절한 때다.

최선을 다해 시작한 일이

최악의 결과를 내는 경우는 없습니다.

최선을 다했다면 이미 그걸로 많은 것을 받았으니까요.

또한 어떤 실패와 좌절도

우리의 마음을 아프게 할 순 없습니다.

하지만 최선을 다하지 못했다는 후회는

영원히 남아 우리 자신을 괴롭힙니다.

점수가 생각보다 낮게 나온 것이 아니라

점수가 아무리 높아도 내 마음이 괴롭다면,

그게 바로 내가 최선을 다하지 않았다는 증거입니다.

내가 만족할 수 있는 하루를 보낸다면,

그게 바로 최선의 하루입니다.

단어를 아이의 습관과 성향에 맞게 정의하라

한 사람을 교육하는 것은 사람이지만, 그 사람에게서 나오는 모든 것은 결국 단어다. 지적 성취 능력을 기르기 위해서는 단어를 제대로 정의해줘야 한다.

'공부' '노력' '자율학습' 등 지적 성취와 연결된 단어를 아이의 습관과 성향에 맞게 정의한 후에 삶에서 실천할 수 있게 하면, 아이 스스로 무언가를 배우려고 노력할 것이며 그것이 실패로 끝나거나 만족할 만한 성과가 나지 않아도 나름의 의미를 찾아 자기 삶에 연결할 것이다. 부모가 아이에게 단어만 잘 정의해도 아이는 스스로 공부하며 자기 길을 개척할 수 있다.

5부

실천

오늘 배운 것을 바로 활용하는 아이

인생을 주도적으로 사는 아이, 무엇이 다른가?

수많은 부모가 이런 질문을 한다.

"우리 아이는 책을 잘 읽지 않아요."

"왜 집중하지 못하고 계속 딴짓만 하는 거죠?"

"자기 물건을 소중하게 생각하지 않는 이유가 뭘까요?"

모든 부모의 표정이 정말 절실하며 간절하게 답을 찾는다. 하지만 모든 부모가 적절한 답을 찾는 것은 아니다. 그 이유가 뭘까? 아이를 '풀어야 할 문제'로 바라보기 때문이다.

아이는 '문제'가 아니라 '생명'이며, '풀어야 할 대상'이 아니라 '사랑해야 할 존재'다. 자기 삶을 훌륭하게 살아낸 사람들의 인생은 내게 이런 이야기를 들려준다.

난 가진 게 없이 태어났다.

다만, 하나는 분명히 소유했다고 말할 수 있다.

내가 스스로 선택하며 살았다.

내 인생의 모든 선택권은 내게 있었다.

앞으로 아이는 인생을 살아가면서 오랜 기간 아픔을 견디거나 이겨야 한다. 행복할 때도 불행할 때도 있을 것이다. 그럴 때마다 수시로 바뀌는 자신의 감정에 놀라, 흔들리며 위기를 겪을 지도 모른다. 하지만 그것 역시 아이들의 선택이다. 아이를 위한다는 명목으로 선택을 강요하지 말자.

다만, 부모는 당신의 인생을 살라. 스스로 선택하고 끝내는 일상을 보내라. 그대의 내면이 내는 소리에 집중하라. 부모가 자신의 삶을 선택하며 살면, 아이도 자신의 일상을 선택으로 가득 채울 것이다.

물론 아이는 고통도 슬픔도 실패도 겪을 것이다. 일어날 수 없을 정도로 힘든 나날을 보낼 수도 있다. 그럴 땐 손을 잡고 일으켜 세울 수도 있지만, 가장 좋은 방법은 부모가 일어나는 모습을 보여주는 일이다.

아래 동기부여 문장은 부모가 필사하면 좋겠다. 천천히 필사한 후, 고요한 마음으로 스스로에게 소리 내어 읽어주자.

아이에게 보고 싶은 모습을 그대 삶에서 먼저 하라.

현명한 부모는 강요하지 않는다.

스스로 선택하고 스스로 견디게 한다.

부모가 자신의 삶을 살면,

아이도 저절로 자신의 삶을 산다.

사회성의 함정에서 벗어나면 창조성이 생긴다

'너의 생각을 세상에 주장하라.'

창조력을 기르기 위한 매우 중요한 습관이다. 하지만 누구나 알고 있지만 아무도 쉽게 하지 못하는 행동이기도 하다. 자신의 생각을 글이나 말로 솔직하게 전하면 가장 먼저 이런 반응이 오기 때문이다.

"다양성을 너무 인정하지 않으시네요."

"무슨 말인지 알겠지만 너무 자기 생각만 주장하시네요!"

순간적으로 마음에 걸리기도 하지만, 사실 이런 말은 신경 쓸 필요가 없다. 반론을 제기한 사람조차 나의 '다양성'을 인정하지 않았기 때문이다. 다양성을 이유로 반론을 제기하는 사람의 의견은 듣지 않아도 될 가능성이 높다. "너무 자기 생각만 주장한다."라는 말도 언뜻 이성적인 비판처럼 보이지만, 내가 내 생각을 말하는 상황에서는 '내 생각을 주장하는 것'이 당연하지 않을까? 내가 왜 남의 생각을 주장해야 하나?

사실 이런 생각을 말하면 괜히 사회성이 떨어져 보이고 인성에 문제가 있는 것처럼 보일 수도 있다. 그게 바로 '사회성의 함정'이다. 각종 SNS를 보면 다양성을 강조하고 자기 생각을 주장하는 사람에게 비난의 말을 남기는 사람들에게는 이런 특징이 있다.

① 입맛에 맞는 글을 단순하게 공유만 한다.
② 읽기만 하지, 자기 글은 쓰지 못한다.
③ 늘 새로움을 꿈꾸지만, 창조적인 삶을 살지 못한다.

아이가 SNS를 운영하고 있다면, 위와 같은 특징이 없는지 한번 살펴보는 것도 좋다. SNS가 아니더라도, 교육 기관이나 친구들 사이에서 비슷한 특징을 보이고 있지는 않은지 세심히 관찰해보길 바란다.

자신의 의견을 세상에 내놓는 힘

앞서 설명한 세 가지 특징은 왜 나타난 것일까? 아이가 '사회성의 함정'에 빠졌기 때문이다. 어른을 공경하고, 남에게 피해를 주지 않고, 도덕을 지키며 사는 것이 올바른 사회성을 가진 사람이지, 다른 사람의 의견에 무조건 동의하고, 누구의 비난도 받지 않기 위해 아무런 의견도 내지 못하는 것은 사회성이 아니다.

"너 요즘에 왜 그 옷만 입고 다니니?"라고 물으면 아이들은 "요즘 이거 입지 않으면 왕따 된다고요."라고 답한다. 무리에 어울리기 위해서, 눈에 나기 싫어서 억지 사회성을 자신에게 강요하는 것이다. 단순하게 유행을 따르는 것은 진정한 사회성이 아니다. 올바른 사회성은 실천에서 시작하며, 강요받은 사회성으로는 창조에 도달할 수 없다.

아직 나이는 어리지만 다양한 창조물을 세상에 내놓는 아이들이 있다. 유튜브에서도 그렇고 온갖 예술 분야에서도 마찬가지다. 그 힘은 바로 자신의 생각을 세상에 주장하려는 의지에 있다. 마찬가지로 세상이 그들이 창조한 것을 돈을 주고 사서 즐기는 이유도 그들의 생각이 궁금하기 때문이다. 창조력은 그것을 가진 사람을 흥미롭게 만들며, 그것은 올바른 사회성을 실천하면서 얻을 수 있는 덕목이다.

아래 글은 한국을 침략한 이토 히로부미를 암살한 안중근 의사에게 사형이 선고된 날, 그의 어머니 조마리아 여사가 아들에게 보낸 편지 내용 중 일부를 내가 정리하여 옮긴 것이다. 사회성을 언급하면서 왜 갑자기 안중근 의사를 말하는지 궁금할 수도 있다. 그 이유는 많은 사람이 힘에 굴복해 고개를 들지 않고 있을 때, 불합리한 세상을 바꾸겠다는 생각 하나로 죽음을 각오한 안중근 의사가 자신의 생각을 그대로 실천하며 새로운 세상을 만든 그 순간을 느끼게 하기 위함이다.

네가 어미보다 먼저 죽은 것을 불효라고 생각한다면,
이 어미는 세상의 웃음거리가 될 것이다.
너의 죽음은 너 한 사람 것이 아니라,
조선인 전체의 한과 분노를 짊어지고 있는 것이다.
네가 항소를 한다면 그것은 일제에 목숨을 구걸하는 짓이다.
그러니 나라를 위해 너는 딴 맘 먹지 말고 죽음을 선택하라.
옳은 일을 하고 받은 형이니 비겁하게 삶을 구하지 말고,
큰 뜻을 위해 죽는 것이 어미에 대한 효도이다.
이 편지가 너에게 쓰는 마지막 편지가 될 것이다.
너의 수의壽衣를 지어 보내니 이 옷을 입고 가거라.
어미는 지금 세상에서 너와 다시 만나기를 원하지 않으니,
다음 세상에는 반드시 선량한 부모의 아들이 되어,
이 세상에 나오거라.

남의 생각보다 '내 생각'을 말하는 용기

필사를 마친 후, 아이와 함께 편지를 소리 내어 읽어보라. 자식이 입을 수의를 직접 만들며 바느질을 할 때마다, 대체 얼마나 큰 고통을 느꼈을까? 가슴에 차오르는 뻐근한 통증을 어떻게 견뎠을까? 지금이라도 모두 그만 두고, 살아서 만나고 싶은 그 마음을 어떻게 잠재웠을까? 하지만 위대한 정신이 있었기에, 오늘 우리가 이렇게 숨쉬며 자유롭게 살 수 있다. '조용히 지내면 안전하다.'라는 세상의 소리에서 벗어나, 자신의 생각을 말하며 죽음을 당당하게 맞은 위대한 정신이 있어, 우리가 새로운 세상에서 이토록 평범하고 고요한 일상을 보낼 수 있다. 사회성은 그렇게 때로는 우리를 억압하며 움직이지 못하게 만드는 수단으로 사용될 때가 있다.

사회성에 갇히지 말고 자기 생각을 말할 용기를 내라. 모든 인간은 태어나는 동시에 움직이고 자신의 의견을 말하려는 의지를 갖고 있다. 다시 말해서 새로운 것을 창조하려는 매우 강력한 의지를 갖고 태어난다. 아이 안에 이미 존재하는 창조성을 꺼내고 싶다면, 세상의 소리에서 멀어지게 하라. 그리고 앞서 언급한 것처럼 멈춘 세상을 다시 돌게 만든 세상에 존재하는 수많은 위인들의 이야기를 자주 들려주자. 더 넓은 세계를 만나면 아이들의 창조성도 함께 확장될 것이다.

강한 마음으로 배우며 올바르게 성장하는 아이

B

단순한 성장은 그렇게 어려운 게 아니다. 각종 지식을 주입하고, 세상이 좋다는 것을 최대한 많이 보여주며, 아이가 배우는 과정을 섬세하게 관찰하고 점검하면 누구나 성장할 수 있다. 문제는 올바르게 성장하는 게 힘들다는 사실이다. 모든 일에는 순서가 있다. 올바르게 성장하는 아이로 키우기 위해서는 마음이 강한 아이로 키우는 게 우선이다. 마음이 강한 아이는 자기주장을 펼치는 아이도, 단체 생활에서 다른 아이를 주도하는 리더를 말하는 것도 아니다. 혼자 있어도 그 시간을 제대로 즐길 줄 아는 아이를 말한다. 마음이 강한 아이는 혼자만의 시간을 즐기며, 혼자의 시간을 즐기는 자는 언제나 필연적으로 올바르게 생각하며 그것을 삶에서 실천하며 산다.

당신의 아이는 누구를 보며 자라는가?

물론 말은 쉽지만 실천은 어렵다. 방법이 어렵기 때문이 아니라, 방향을 제대로 잡지 못했기 때문이다. 여기에서 우리는 매우 중요한 사실을 하나 인지할 수 있다. 부모가 아이들에게 위인전을 읽으라고 말하는 이유가 뭘까? 아마도 그들처럼 위대한 뜻을 품고 강한 마음으로 실천하며 사는 올바른 어른이 되기를 바라는 마음 때문일 것이다. 하지만 아이 입장에서 생각해본 적이 있는가?

당신의 아이는 누구를 보며 자라는가? 세계 각국의 대통령, 세계 최고의 부자, 이미 세상을 떠난 수많은 철학자와 영적 지도자? 모두 아니다. 아이를 위한 최고의 위인은 바로 아이의 부모다. 아이를 사랑하는 부모가 바로 아이를 올바른 삶으로 인도할 아이만의 위인이 되어야 한다. 만난 적도 없는 위인에게 맡기지 말고, 아이를 사랑하는 부모가 그 근사한 일을 해야 한다. 이번에는 아이의 위인이 되고자 하는 마음을 담아 아이와 함께 이렇게 필사하자.

나는 실패할 수도 성공할 수도 있습니다.

하지만 나는 후회하지 않을 겁니다.

그건 내 마음이 시킨 일이었으니까요.

내 마음은 실패에 흔들릴 정도로 약하지 않습니다.

내 마음은 언제나 상처와 실패를 허락합니다.

마음이 시키는 일에 최선을 다할 때 나는 최고로 행복합니다.

그런 내가 스스로 참 멋지다는 생각을 합니다.

어제의 나의 실패는 오늘을 사는 나의 영웅담입니다.

부모와 아이의 삶을 동시에 바꾸는 방법

아이와 부모의 삶이 동시에 변하는 것이 쉽지 않다. 필사로 아이의 변화가 느껴지지 않는다면, 다음 사항을 실천하고 대화하며 일상에서의 변화를 시도해보자.

1. 하나를 꾸준하게 지속한다

아이와 함께 운동장이나 야외에서 운동할 때도 좋은 방법이 하나 있다. 적당한 거리에서 서로에게 공을 던지고 잡는 놀이를 해보자. 나이가 어린 아이일수록 던지는 힘이 약하고 기술이 없어서 땅볼이 나올 가능성이 높다. 이때 아이는 자신의 부족한 능력에 실망하고 다시 공을 던지지 않으려고 할 가능성이 높다. 그럴 때 정확한 타이밍에 맞춰서 이런 말을 들려줘 보자.

"지금 던진 거리가 최선을 다한 결과라면 그걸로 된 거야! 넌 최선을 다하는 법을 배운 거야."

그래도 아이는 투정을 부릴 수도 있다. 하지만 그럼에도 부모가 끈기를 갖고 10분 이상 놀이를 지속해야 한다. 처음에는 실력이 없어서 즐거움을 느끼지 못하지만, 나중에는 나아지는 자신의 실력을 체험하며 하나를 꾸준하게 한다는 것의 위대함을 알게 될 것이다. 스스로 실력을 체험할 수 있게 해야 한다. 그래야 강한 마음을 가질 수 있다.

2. 자주 먼 곳을 바라보자

"엄마는 꿈이 뭐야?"라는 질문에 어떻게 대답하는가? 혹시 "꿈은 무슨, 그냥 오늘 출근해서 열심히 일하고 너 맛있는 거 사주려고 사는 거지."라고 답하지는 않는가? 아이를 지금 이 순간만 바라보며 살게 하지 말자. 당장 입에 음식이 들어가는 것도 귀한 일이지만, 아직 오지 않은 어느 미래의 한순간을 바라보며 인생에 무언가를 넣는 것이 더 가치 있는 일이기 때문이다. 생각만으로도 가슴이 떨리는 선명한 꿈을 꾸며, 자주 그 꿈을 생각하는 아이의 마음은 나날이 강해질 수밖에 없다. 가끔은 바로 앞에서 벗어나 조금 더 먼 곳을 바라보자. 부모가 바로 앞 현실만 바라보는데, 아이가 어떻게 멀리 보며 꿈을 꿀 수 있을까?

올바르게 성장하는 아이는 강한 마음을 갖고 있고, 강한 마음을 가진 아이의 공통점은 그들에게 올바르게 사는 부모가 있다는 것이다. 부모는 아이에게 숙제를 내주는 사람이 아니라, 평생 함께 풀리지 않는 문제를 풀어줄 수 있는 마음을 가진 사람이다. 억압하며 주문만 하려는 부모는 실패할 것이고, 포근하게 안아주며 함께 문제를 풀고자 하는 부모는 성공할 것이다. 그 성공이란, 올바른 길을 걷는 아이와 부모의 모습을 말한다. 그 근사한 풍경은 모두 부모가 오늘 칠하는 붓의 방향이 결정한다.

공부의 진짜 해답, 이해력

B 최근에 빌라로 이사를 갔는데, 꽤 흥미로운 상황을 겪었다. 참 이상하게도 빌라에 살지 않는 한 남자가 멋지게 양복을 차려 입고 새벽마다 지하 주차장을 드나들었다. 2층에 올라간 그는 언제나 30분 정도 시간이 지나면 다시 주차장으로 나와 차를 몰고 어딘가로 떠났다. 과연 그가 매일 새벽에 빌라를 찾는 이유는 뭘까? 나는 2층에 사는 여자친구를 만나러 온다고 생각했지만, 그 생각이 틀렸음을 인정하는 데는 그리 오랜 시간이 걸리지 않았다. 하루는 일이 있어서 주차장에 세운 차를 빼다 말을 트게 되어 알고 보니, 그는 2층에 혼자 사는 어머니가 최근 몸이 좋지 않아서 여기에서 무려 왕복 2시간이나 걸리는 곳에서 출발해 아침 출근 전에 들여다보고 나가는 효자에, 건실한 기업을 운영하는 대표였다.

제대로 이해할 수 없는 부분은 조금 더 시간을 투자해 들여다봐야 보인다. 그래야 비로소 누군가의 무언가를 이해할 수 있게 된다. 그 사람의 30분을 이해하게 되자, 나는 부모님께 효를 실천한다는 게 무엇인지 깨닫게 되었다. 그리고 동시에 나도 그처럼 부모님을 기쁘게 할 수 있는 방법이 무엇인지 생각하게 되었고, 생각한 것을 실천으로 옮겼다. 이해하니 모든 것이 완전히 달라졌다. 잘 모르는 것을 알기 위해 다가가면 이해하게 되고, 이해하게 되면 반드시 무언가를 실천하게 된다. 그 마음이 공부에도 매우 큰 영향을 미친다. 배운 것을 일상에 연결해서 접목할 힘을 주기 때문이다. 일상이 공부가 되는 근사한 삶을 살게 되는 것이다.

내 아이는 왜 공부를 좋아하지 않을까?

'내 아이는 왜 공부를 좋아하지 않을까?'

부모님의 가장 큰 문제인 이 질문을 나 자신에게 계속 던졌다. 보통 사람은 왜 "공부가 세상에서 가장 좋아요."라는 말을 왜 이해하기 힘든 걸까? 아이의 공부를 생각한다면, 위 질문에서 모든 고민을 시작해야 한다. 공부도 인간이 할 수 있는 혹은 하면 좋을 수많은 일 중 그저 하나일 뿐인데, 왜 유독 공부는 원해서 하기 힘들고 피하고 싶은 대상일까? 결국 답은 간단하다. 공부가 가장 즐겁다고 말하는 모든 아이들은 자신의 입과 삶으로 이런 말을 했다. 그들의 이야기를 필사하자.

내가 궁금한 분야에 대한 책을 읽으면

잘 이해가 되지 않는 문제가 생깁니다.

그럼 혼자 곰곰이 풀리지 않는 문제를 생각하고,

가끔은 학교나 학원 친구들과 토론하고,

그래도 풀리지 않으면 선생님께 여쭙니다.

그렇게 알게 된 사실은 제 마음을 뛰게 합니다.

다양한 과정을 통해 진실로 알게 된 것이기 때문이죠.

다양한 과정을 통해 무언가를 제대로 이해하게 될 때, 그때부터 알게 된 것을 스스로 실천하게 된다. 재미를 느꼈기 때문이고, 더 색다른 재미를 느끼기 위해 더 공부하며 자신을 성장하게 한다. 삶이 곧 공부가 되는 아이는 공부가 바로 습관이 되고, 아무리 말려도 사는 내내 배움을 추구하는 사람으로 성장한다. 이유는 간단하다. 그 가치를 알기 때문이다.

머리로 이해한 것을 행동으로 바꾸기

학교에 가기 전, “모르는 게 있으면 선생님께 질문하고, 그래도 여전히 풀리지 않으면 집에 돌아와 생각하면서 스스로 답을 구하는 시간을 갖는 게 좋아. 알겠지?”라고 아이에게 말하면 이내, “네, 말씀 이해했어요. 그렇게 하겠습니다.”라는 대답이 나온다. 하지만 아이는 부모의 말을 정말 이해한 걸까? 아이의 행동 변화를 살펴보면 제대로 파악할 수 있다. 부모의 말을 일상에서 실천으로 옮기면 이해한 게 맞고, 변화가 없으면 이해하지 못한 것이다. 무언가를 이해한 사람은 그것이 자신에게 이롭다는 것을 알기 때문에 반드시 그것을 실천하기 때문이다. 어른도 마찬가지다. 누군가 무엇을 조언하면 “그걸 누가 몰라서 안 하냐? 하기 힘들어서, 싫어서 안 하는 거지.”라고 말한다. 하지만 그건 진실로 그것을 아는 게 아니다. 아는 사람은 반드시 실천에 옮기기 때문이다.

‘이해’라는 영역은 교육으로 배울 수 있는 게 아니다. 타인의 지식으로 얻을 수 있는 게 아니라, 자신의 눈과 심장으로 상대와 상황을 바라보며 스스로 느껴야 하는 것이기 때문이다. 그래서 매우 얻기 힘든 것이며 동시에 귀한 것이다. 스스로 생각하고 이해하며 실천하는 공부의 3박자를 통해 그 귀한 것을 아이가 가지게 하자.

게임 욕구를 공부 동기로 바꾸는 방법

2018년에 나온 발표에 따르면, 초등학생들이 하루 중 게임을 하면서 보내는 시간이 급증해 하루 평균 40분을 넘어섰다고 한다. '게임 중독'이라는 주제를 달고 나오는 기사에서 다루는 내용은 대개 이런 것들이다.

'부모가 게임에 몰두할 수록 자녀들의 게임 시간이 증가한다.'

'스마트폰 이용 시간은 부모가 자녀보다 훨씬 많았다.'

'부모의 미디어 이용은 자녀에게 큰 영향을 준다.'

세상은 유혹으로 가득하다. 유혹에 빠지지 않기 위해 나를 유혹하는 것을 주변에서 치우는건 현명한 선택이 아니다. 집밖으로 나가면 어차피 만나야 할 존재이기 때문이다. 삭제가 아닌 사용할 방법을 찾아야 한다. 모든 유혹을 자극하는 것들은, 반대로 잘 활용하면 공부의 동기를 자극하는 수단으로 이용할 수 있다.

"게임을 즐기는 것도 좋지만, 네가 한 번 게임을 만드는 사람이 되는 건 어때?"

이런 제안을 하면 보통의 아이들이 반응은 이렇다.

"에이, 제가 무슨 게임을 만들어요?"

그럼, 시대의 지성을 키운 거의 모든 부모가 그랬던 것처럼, 매우 진지한 표정으로 이렇게 응수해보자.

"게임은 그렇게 대단한 게 아니란다. 많은 돈이 필요한 것도 아니고, 만들 사람이 많이 필요한 것도 아니야. 멋진 아이디어 하나만 있으면 충분히 너도 게임을 만들 수 있어."

그럼 아이는 놀란 눈으로 "멋진 아이디어라는 게 뭔데요?"라고 물을 것이다.

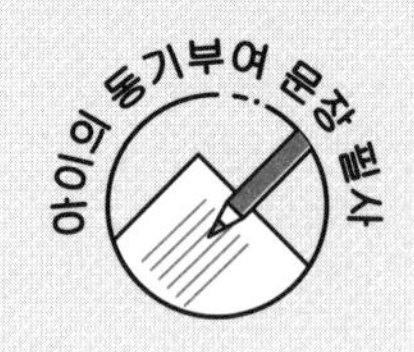

즐기는 마음이 최고의 아이디어를 만든다

아이가 질문한다는 것은 이제 새로운 길에 들어설 준비를 마쳤다는 증거다. 이때 질문을 통해 아이의 동기를 자극하자.

"너는 게임할 때 어떤 기분이 드니?"

이런 식의 질문에 제대로 답하지 못한다면 조금 더 분명한 방식으로 질문해보자. 두세 가지 이상의 환경을 서로 비교하는 방식의 질문이 좋다.

"너는 맛있는 걸 먹을 때, 책을 읽을 때, 게임할 때, 이 중에 무엇이 너를 가장 행복하게 해주니?"

그럼 아이들은 바로 게임을 선택할 것이다.

"그게 바로 멋진 아이디어의 시작이란다. 누군가를 행복하게 해주는 것, 그게 바로 아이디어야. 아이디어는 대단한 게 아니야. 지금 네 모습처럼 사람을 웃게 하는 게 아이디어니까."

그리고 아래 글을 필사하며 무언가를 정말 즐기는 사람은 그것에 대한 가장 좋은 아이디어를 생각할 수 있다고 설명하자. 필사 후 아이와 낭독을 해도 좋다.

나는 축구를 좋아합니다.

축구를 하는 동안에는 땀이 흘러도 행복합니다.

무언가를 즐기며 하는 사람은 그렇습니다.

내가 뛰는 모습을 바라보는 사람을 위해,

늘 더 잘할 아이디어를 생각합니다.

어떤 아이디어는 성공해서 골로 연결되기도 합니다.

그럼 나와 그걸 지켜보는 사람들이 함께 웃습니다.

무언가를 즐기는 사람에게는,

사람들을 행복하게 할 아이디어가 가득합니다.

화내지 말고 본질에 다가가라

늘 본질에 다가가서 정확하게 상태를 파악해야 한다. 게임을 하는 게 문제가 아니라, 해야 할 일을 안 하고 게임만 하는 게 문제다. 모든 문제는 질문을 통해 해결해야 한다. 아이의 상태를 나쁘다고 규정하지 말고, 그 상황을 좋게 연결하려는 시도를 꾸준하게 해보자. 게임에 중독된 아이도 이런 방법으로 접근하면 자연히 게임에서 적당한 거리를 유지하고, 스스로 제어하며 제대로 사용할 줄 알게 된다.

무엇이든 그 안에 빠져 있을 때는 소비자의 삶을 살지만, 나와서 그것을 바라볼 수 있다면 공부하는 창조자의 삶을 살게 된다. 방학 때나 주말에도 억지로 게임과 분리하지 말고, 자유롭게 게임할 수 있게 내버려 두는 게 좋다. 못하게 하면 오히려 더 집착하고 할 기회만 노리며 하루를 모두 소모한다. 먹을 때도 씻을 때도 잠잘 때도 게임만 생각하며 사는 아이가 된다.

부모가 분명한 원칙을 갖고 접근하면 아이가 게임하는 시간을 공부로 연결해 창조적으로 바꿀 수 있다. 분노하거나 화낼 생각은 접고 교육에 적용하고 연결할 생각을 하자. 부모의 그 생각이 곧 아이의 가능성이다.

공부는 '꾸준히' 하는 것이 더 중요하다

나는 수많은 시도보다 스스로 시작해서 끝까지 가보는 단 한 번의 경험을 귀하게 생각한다. 100번을 시작해도 한번도 끝을 보지 못했다면 한번도 시작하지 않은 것과 마찬가지이기 때문이다. 세상에 지겨운 과정을 거쳐서 끝을 본 경험보다 귀한 것은 없다.

"요즘 아이들은 참을성도 자제력도 없어."

주변에서 자주 듣는 말이다. 다른 아이보다 조금 빨리 일어나 걷는 것보다 삶의 목적이 적힌 깃발을 세우고 그 깃발이 가리키는 곳을 향해 전진하며, 더 나은 삶을 위해 꾸준히 노력하는 태도가 중요하다.

모든 공부와 운동, 예술을 하기에 앞서 내가 왜 그걸 해야 하고 그게 얼마나 가치가 있는지, 그 소중한 삶의 태도를 먼저 알려주자. 그걸 아는 아이는 어떤 힘든 일 앞에서도 멈추지 않을 것이다.

공부의 목적을 알면 흔들리지 않는다

공부의 목적, 더 나아가 삶의 목적을 아는 아이는 흔들리지 않는다. 아무리 삶이 흔들려도 가야 할 곳이 눈에 보이기에, 누구보다 강력한 의지와 확신에 가득한 눈으로, 앞으로 향해 걷기 때문이다. 이런 글을 아이와 필사하며 대화를 나눠보자.

이 세상에 배가 존재하는 이유는,

바다를 가로질러 목적지에 도착하기 위해서입니다.

하지만 파도는 배를 괴롭힙니다.

24시간 흔들며 앞으로 가지 못하게 막습니다.

하지만 그럼에도 중간에 멈추는 배는 없습니다.

분명한 목적지가 있기 때문이죠.

나는 튼튼한 배처럼 흔들리지 않을 겁니다.

지루하고 재미없는 일이 생겨도 끝까지 갈 겁니다.

살아가며 배우는 분명한 목적이 있으니까요.

공부 지속성을 길러주는 3단계 방법

공부 지속성 교육은 필사로는 충분하지 않다. 저축을 통해 일상의 교육을 시도할 필요가 있다. 아이에게 "왜 저축하지 않는 거야?"라고 물으면 대개 이렇게 답한다.

"나중에 많이 벌 텐데요, 뭘. 지금 다 쓰고 살고 싶어요."

"지금 당장 살 게 너무 많아요, 모을 돈은 없어요."

당장을 견딜 힘을 길러줘야 공부 지속성도 힘을 받을 수 있다. 이런 아이들의 생각을 바꾸기 위해서는 다음 3단계 과정을 거쳐서 저축에 익숙해지게 하면 된다.

1. 생각의 전환

'용돈의 10%를 모으는 거대한 힘'에 대한 생각을 아이 일상에 녹여내는 과정이 필요하다. 돈은 아무리 많이 받아도 늘 충분하지 않다. 인간은 수입에 따라 지출을 결정하기 때문이다. 아이는 더 힘들다. 그래서 분명한 원칙을 심어주는 게 좋다. "저축은 수고할 자신에게 주는 내일을 위한 용돈이다."라는 말을 자주 들려주고 냉장고나 책상 위에 아이가 직접 쓴 글을 붙여서 자주 보며 삶에 적용할 수 있게 하자. 그래도 쉽지 않을 것이다. 만약 아이가 중간에 힘들어하거나 멈추려고 하면 "수입의 90%는 현재의 나를 위해 쓰고, 나머지 10%는 수고할 내일의 나를 위해 모으자."라는 조언을 하며 부모도 함께 저축하는 모습을 보여주면 더욱 좋다.

2. 생각의 숙성

변화를 위한 일정한 기간이 필요하다. 그래야 모든 과정이 아이의 삶에 영향을 미칠 수 있기 때문이다. 최소 단위는 6개월이며, 매주 1회 이상 저축을 해야 한다. 은행에 직접 가서 저금하는 게 가장 좋지만 사실 일상에서 시간을 내서 은행을 찾아 가는 건 쉽지 않다. 이런저런 이유로 자꾸 미루게 될 뿐이니, 현실적으로 집에 저금통을 만들어서 모은 후에 1개월에 1회 정도 은행에 가서 저금하는 것이 좋다. 6개월 후에는 그간 모은 돈을 모두 현금으로 인출해서 아이와 함께 다른 은행에 가서 새로운 통장을 만들자. 이런 과정을 통해 아이는 모든 시작은 어떤 과정을 통해 새로운 시작으로 이어질 수 있다는 것을 배우게 되고, 참고 견디면 원하는 세상을 발견할 수 있다는 믿음도 가질 수 있다.

3. 지속성에 대한 믿음

가장 중요한 것은 6개월 후에 새로운 통장을 만들고 다시 또 6개월을 반복하는 것이다. 지속성의 중요성을 스스로 인식해야 가능하다. 이때 다음 문장을 아이와 함께 필사하면 도움이 된다.

많이 벌어서 부자가 되는 게 아니다.
부자는 돈을 더 버는 사람이 아니라,
번 돈을 아껴서 저축하는 사람이다.
돈을 쓰기 전에는 몇 번 생각해보자.
불필요하게 쉽게 쓴 돈이,
정말 필요한 일을 못하게 한다.

공부에서 가장 중요한 것은 지속이다. 순간적인 것은 우리 자신을 망칠 뿐이다. 폭식과 금식이 바로 대표적인 사례다. 몰아서 한 번에 해치우고, 다시 또 몰아서 유혹에 빠지는 나날은 일상을 피폐하게 만든다. 아이도, 어른 모두가 마찬가지다. 당일치기로 공부한 내용은 하루만 지나면 모두 머리에서 사라진다. 공부를 포함한 모든 시작은 수없는 반복을 통해 근사한 끝을 향해 나가야 한다.

세상이 준 타고난 재능보다,
스스로 자신에게 준 지속성이 더 위대하다.

아이에게 의지와 자제력을 절대 강요하지 마라

세상에는 수많은 학문이 있고, 과목이 있다. 그렇다면 아이가 가장 먼저 배워야 할 과목은 무엇일까? 아이에게 가장 먼저 필요한 과목은 국어, 영어, 수학이 아닌, 바로 '부모'라는 과목이다. 그래서 부모는 아이를 위한 가장 진실한 사람이어야 한다. 하지만 늘 현명한 모습만 보여줄 수는 없다. 그건 불가능하며 그런 존재는 세상에 없다.

이를테면 아이에게는 강한 의지가 필요하다. 하지만 그것을 아이에게 가르치기 위해서는 부모가 자신의 약함을 드러내야 한다.

"나도 늘 다이어트에 실패하지만 그래도 계속 시도하고 있어. 그래서 인간에게는 강한 의지가 필요한 거야. 원하는 것을 이루기 위해서는 반드시 필요한 거니까."

이렇게 아이에게 부모의 나약한 의지를 드러내며 반대로 강한 의지가 필요하다는 사실을 가르칠 수 있다. 오히려 이를 악물고 무언가를 참아낸 기억을 언급하며 "나도 했으니 너도 할 수 있어."라고 말하며 강한 의지를 가지라고 하는 건 '주입식 교육'과 다를 게 없다. 의지와 자제력까지 주입하는 건 매우 불행한 일이다.

아이는 약한 존재임을 기억하라

아이는 약한 존재다. 처음부터 강한 것을 가질 수 없다. 지금은 좋은 것들의 가치를 설명하며, 그것을 추구하며 사는 것이 얼마나 가치 있는 것인지 알려주는 것만으로도 충분하다. 이번에는 부모가 필사를 하자. 곁에서 그대를 지켜보는 사랑하는 아이의 마음을 느끼며 차분한 마음으로 시작하자.

아이는 부모를 보고 배웁니다.

늘 멋진 모습만 보여주고 싶지만,

사실 저는 아이의 생각만큼 강하지 않습니다.

굳은 의지를 갖고 있지도 않습니다.

다만 아이를 위해 무언가를 할 때,

내면에 없던 강한 의지가 태어나 그것을 가능하게 합니다.

내게 존재하지 않았던 배려와 헌신,

사명감을 나는 아이를 가르치며 배웁니다.

이런 나의 일상을 그대로 아이에게 보여주는 것이,

사랑하는 아이에게 가장 먼저 알려줘야 할 부분입니다.

가르치지 말고 보여주어라

아이가 가장 먼저 배워야 할 과목은 부모이며, 가르치는 게 아니라 보여주며 알려줘야 한다. 부모는 거인이 아니다. 튼튼한 몸을 타고난 사람도 아니며 세상을 호령하는 지식인도 아니다. 다만 내 앞에 선 아이를 누구보다 사랑하는 한 사람일 뿐이다.

하지만 그게 무엇과도 바꿀 수 없는 가장 귀한 가치다. '부모'라는 과목을 아이에게 가르치는 마음은 거기에서 시작해야 한다. "아이가 내 약한 모습을 보며 실망하면 어쩌지?" "다른 부모들보다 낮은 지적 수준에 내 아이가 나를 우습게 보는 게 아닐까?" 등등 이런 고민을 하는 부모가 많다. 아이가 바라보는 부분은 부모의 육체와 지식이 아니라 그 안에 담은 뜨거운 사랑이기 때문이다. 내 안에 있는 모든 것을 내 아이에게 주고 싶다는 그 마음, 그 강렬한 마음 하나면 충분하다.

자식 키우는 게 힘든 이유는 '글을 쓰기 힘든 것'과 같다. 처음부터 완벽하게 하려고 하기 때문이다. 세상에 부족한 사랑은 없다. 또한 차가운 사랑도 없다. 모든 사랑은 충만하며 뜨겁다. 그대가 자신의 모습을 그대로 보여주는 데 어떤 부담을 느끼지 않아도 될 이유가 바로 거기에 있다.

복종이 아닌
자유로움으로 아이를 키우기

"엄마가 하는 말 잘 들어!"

"아까 분명히 말했지. 왜 잘 안 듣는 거야!"

이런 방식의 표현은 바로 아이의 복종을 요청하는 대표적인 말이다. 듣기는 매우 중요하다. 부모도 그걸 알기 때문에 시간이 날 때마다 말하지만, 그게 강요된 듣기라면 이야기는 달라진다. 그런 듣기는 곧 복종으로 이어지기 때문이다.

자유에서 시작한 듣기는 아이를 자유롭게 하지만 복종으로 시작한 듣기는 아이를 명령에 따라 움직이는 노예로 만든다. 아이의 의지를 꺾는 교육에서 벗어나야 비로소 지성인의 일상에 접근할 수 있다. 아무리 많은 지식을 주입하더라도 삶의 의지를 모두 꺾고 이룬 성취라면 아이는 그 지식으로 하늘을 날 수 없다. 모든 날개가 꺾인 상태이기 때문이다.

남들의 기준을 아이에게 강요하지 마라

지성인의 삶을 시작한 아이는 부모의 말을 그대로 듣는 아이가 아니라, 자신의 의지로 무언가를 보태 주장할 수 있는 아이다. 그들은 반대하는 게 아니라, 더 나은 의견을 제시하며 부모의 동의를 받아낸다. 세상이 정한 규범에 따르는 아이가 아니라, 기존에 있던 원칙에 어떤 문제가 있으니 그것의 수정을 요청하는 아이다. 지적으로 성장한 아이는 반드시 자신의 길을 걷게 되며 모든 선택 앞에서 더 나은 도착지를 고른다. 그런 일상을 시작하려면 먼저 잘 들어야 하고, 다음에는 제대로 느끼고 말해야 하며, 그 과정에서 행복을 느껴야 한다. 아래 글을 필사하며 그 모든 과정을 알려주자.

여기에 내가 있습니다.

나는 자연이 내게 말하는 소리를 듣습니다.

조용히 귀를 기울어야 들을 수 있죠.

그렇게 나는 자연을 듣고 느낍니다.

더 다가가 무릎을 꿇고 섬세하게 바라봅니다.

그래야 느낀 것을 그대로 말할 수 있지요.

다시, 저는 여기에 있습니다.

저는 듣고 생각한 것을 말하고 있습니다.

생각하고 느낀 것을 말하며,

저는 스스로 행복을 깨닫습니다.

듣고 느낀 것을 말하는 행복을 마음에 담습니다.

아이가 공부 의지를 다지는 기회 만들기

누구도 그대의 아이에게 지성인의 삶을 허락하지 않는다. 기회를 주며 시작하라고 조언하지도 않는다. 시작과 과정, 끝에는 언제나 부모와 아이가 함께 있어야 한다. 하나 묻는다.

"아이에게 기회를 주세요."라는 말은 무엇을 의미하는가? 결국 아이가 스스로 자신의 삶, 일상, 시간 속에서 스스로 공부 의지를 다질 기회를 주라는 말이다. 지성인의 공부는 결국 의지의 문제다.

'내가 어떻게 해야 아이가 스스로 배우며 지성인의 삶을 살기 위한 준비를 할까?'

부모는 늘 이런 생각을 하며, 동시에 아이의 시간에 기회를 준다는 마음이어야 한다. 그래야 분노에 잠기지 않고 끝까지 아이의 가능성을 바라보며 희망을 키울 수 있기 때문이다. 아이는 그 자체로 무엇이든 할 수 있는 가능성이다. 내 앞에 있는 그 근사한 가능성을 놓치지 말자.

6부

창조와 주관

따라가지 않고
주도하는 아이

가끔은 공부가 아이를 망친다

요즘, 부모의 마음을 아프게 하는 일이 참 많다. 계속 변하는 대학입시 제도와 각종 학원 및 공부 문제, 취업이 힘든 현실과 암울한 미래 등을 생각하면 쉽게 잠이 오지 않는다. 고민의 끝은 언제나 '내 아이가 제대로 살 수 있을까?'라는 질문으로 이어진다. 내면이 탄탄하지 않으면 도저히 살 수 없는 세상이다. 변화에 당당하게 맞서야 하고, 동시에 자신의 뜻을 강하게 외칠 수 있어야 한다. 물론 좋은 방법이 있다. 배움을 나의 것으로 만드는 능력을 가지고 있다면, 아이들은 자기가 하고 싶은 것을 스스로 발견하고 그 꿈을 위해 스스로 공부해서 결국 성취할 것이다. 나는 아이의 내일을 걱정하는 모든 부모에게 다음 조언을 전하고 싶다.

1. 그만 배우자

물론 죽는 날까지 배우는 자세는 필요하다. 하지만 죽을 때까지 배우기만 하는 자세는 오히려 자신의 나약함을 증명할 뿐이다. 책을 읽기만 하며 배우기만 하는 아이들에게 가끔은 이렇게 말하고 싶다.

"이제 그만 읽어도 된다. 그만 듣고, 그만 배워도 된다."

어른들도 마찬가지다. 배움은 소중하지만, 창조로 이어지지 않는 모든 배움은 결국 자만과 독선이 되어 우리의 삶 여기저기에 자리 잡는다. 그냥 배우는 건 삶에 어떤 영향도 줄 수 없다. 공부한 것은 반드시 실천하며 나의 것으로 만들어야 한다. 실천하지 않는 공부는 그저 연약한 바람에도 날아갈 먼지일 뿐이다.

2. 배움을 창조로 연결하라

배움이 피라면 그걸 연결하는 힘은 핏줄이다. 하지만 목적 없이 그저 여기저기를 다니는 것은 어떤 의미도 남길 수 없다. 핏줄이 목적지에 정확하게 연결되어 있어야 피도 자신의 기능을 할 수 있다. 그래서 지식이 경유할 곳과 도착지가 필요하다. 외부로 노출된 피가 그렇듯, 창조에 도달하지 않는 모든 배움은 결국 썩어 굳기 때문이다. 하나가 굳으면 하나의 부정적 고정관념이 생긴다. 고정관념도 좋은 게 있고 나쁜 게 있다. 스스로 인지하며 일상에서 활용하는 고정관념은 살아 있는 역사이지만, 그게 아니면 우리를 하나의 창구로만 인도하는 죽은 과거일 뿐이다. 우리 몸에서 도는 피가 심장을 거쳐 자기 임무를 수행하는 것처럼, 창조의 심장을 만들어야 한다.

3. 어릴 때부터 삶의 원칙을 정하라

부모의 특별한 창조적 교육으로 대가의 반열에 오르거나, 창조의 아이콘이 된 아이들의 공통점은 어릴 때부터 삶의 원칙을 정해서 일상에서 반드시 지켰다는 데 있다. 위대한 사람만의 문제가 아니라, 일상에서 무언가를 창조하며 사는 아이들 역시 마찬가지다. 하루 30분 일기를 쓰거나, 그게 길다면 하루 5분 자연을 바라보며 생각하는 시간을 갖는 걸 원칙으로 정해도 좋다. 원칙이 없는 아이는 모든 일상을 스치지만, 원칙이 있는 아이는 원칙의 눈으로 세상을 받아들인다. 모든 배움을 자신만의 것으로 변환해서 자신의 언어로 간직한다. 그렇게 아이는 사소한 것을 배워 위대하게 사용하는 법을 스스로 깨닫게 된다.

물론 변화는 쉽지 않다. 특히 처음은 언제나 힘들고 어렵다. 그럴 때 아래 글을 아이에게 필사하게 해보자. 그게 힘들면 처음에는 부모가 낭독해도 괜찮다. 틈이 날 때마다 들려주거나 필사하게 하면, 세상을 바라보는 아이의 관점이 바뀔 것이다.

나의 집 주소는 대문에 쓰여 있지만,
나의 마음 주소는 세상을 바라보는 두 눈에 쓰여 있습니다.
나의 행복 주소는 세상을 향해 내미는 두 손에 적혀 있고,
가장 중요한 인생 주소는,
세상에 내뱉는 나의 입에 담겨 있지요.
무엇을 바라보고, 누구에게 손을 내밀 것인가?

그리고 무슨 말을 해줄 것인가?

늘 생각합니다.

나의 눈과 손 그리고 입의 하루가,

내가 머무는 삶의 주소를 결정합니다.

창조와 주관의 시대다. 다시 말해 개인이 가진 힘의 차별화를 통해 다른 사람과의 차이점을 주장할 수 있어야 한다. 그래서 부모가 반드시 기억해야 할 게 하나 있다. 바로 '언어의 힘'이다. 언어를 통해 우리는 아이가 자기 내면에 집중하게 하며 동시에 자신이 세상에 단 하나뿐인 매우 소중한 존재라는 사실을 깨닫게 할 수 있다. 이번에는 부모가 자기 자신에게 아래 글을 자주 들려주자. 부모의 언어가 바뀌어야 아이의 언어와 일상이 바뀐다는 사실을 늘 기억하자.

사랑하는 아이에게 멋진 말을 들려주어라.

멋진 인생을 살게 될 것이다.

얼굴을 바라보며 행복한 말을 자주 하라.

행복이 떠나지 않을 것이다.

원하는 삶이 있다면, 그것을 아이에게 말로 먼저 표현하라.

그래야만 하는 이유는 간단하다.

자신이 가야 할 곳을 아는 아이는

어떤 바람에도 흔들리지 않으니까.

해치우듯 배우면 남는 것이 없다

대문호 괴테는 매우 어릴 때부터 부모에게 지성인이 되기 위한 교육을 받았다. 그렇게 평생을 성장하는 지성인의 삶을 살았던 괴테는 지성인의 삶에 대해 이렇게 조언한다.

"매일 읽어야 할 책에서 해방되기 위해 마치 '읽어 치우듯' 책을 읽지 않는가?"

문제는 그게 전부가 아니다. 책을 별 생각 없이 읽어 치우는 사람은 소중한 인생도 그렇게 읽어 치우듯 살 가능성이 높다는 사실이다. 그는 다시 하나 더 묻는다.

"수많은 고적 유산과 예술 작품도 그렇게 감상하고 있는 것은 아닌가?"

주말이나 쉬는 날이 오면 부모는 가장 먼저 '아이들을 데리고 어디에 가면 좋을까?'라는 고민에 잠긴다. 목적지 선택의 기준은 언제나 교육이다. 그래서 초등학교 고학년이 되면 이미 전국 곳곳의 박물관과 미술관 등을 이미 거의 다녀왔을 정도로 치열하게 다닌다.

과거의 경험을 떠올리며 박물관에 아이와 함께 간 시간을 돌아보자. 표를 구매해서 입장하고, 줄을 따라 그림과 글, 조각과 각종 예술 작품을 감상할 것이다. 간혹 작품 아래 써 있는 설명하는 글도 읽고, 관찰하는 눈으로 한 부분을 바라보기도 한다. 그리고 언제나 박물관 팜플렛을 들고 집으로 돌아가는 걸로 탐방은 끝난다. 그 모든 행위를 한 문장으로 표현하면 이렇다.

"나 오늘 그림 5개랑 건축물 2개 해치웠어."

혹시 그렇게 공부의 대상을 치워야 할 것으로 바라본 것은 아닌가? 그런 시선은 우리에게 무엇도 줄 수 없다. 남는 것이 없기 때문이다.

지식인이 아닌, 지성인이 되는 방법

지식과 지성은 매우 다르다. 지식인은 경험하지 못한 정보를 타인의 설명을 통해 아는 사람이고, 지성인은 스스로 경험해서 깨우친 정보를 아는 사람이다. 지식인은 누구나 될 수 있지만, 지성인은 그것을 끝없이 추구하는 사람만이 도달할 수 있다. 괴테는 지성인의 삶을 살려면 다음 몇 가지가 중요하다고 말한다. 아래 글을 아이와 함께 필사하며 서로의 생각을 나누자.

자신이 원하는 것이 무엇인지 분명하게 알고,
멈추지 않고 끊임없이 전진하며,
자신의 목적을 이룰 수단이 무엇인지 깨닫고,
그것들을 자유자재로 활용할 방법을 익히고,
실천하는 사람이 원하는 것을 제대로 이룰 수 있다.

그리고 그 실천하는 마음에는 반드시 다음 세 가지 태도가 녹아 있어야 한다. 아래 글도 함께 필사하자.

1. 정진한다는 마음을 가져라

결단을 내리고 결단이 이끄는 곳을 향해

흔들리지 않고 전진한다는 것은

인간이 가진 최고의 경쟁력 중 하나다.

스스로 시작하고 끝내야 한다.

그 마음을 잊지 말자.

2. 들뜨지 말고 조금 더 차분하고 진지하게 바라보라

진지한 관심이 없이는 사소한 무엇도 제대로 이루기 힘들다.

안다고 자랑하지 말고

모른다고 부끄럽게 생각하지 말자.

오직 차분한 마음으로 대상을 포근하게 안아주듯 바라보자.

3. '열린 마음'과 '나를 비판하지 않을 용기'가 필요하다

더 많은 세상의 영감을 받아들이겠다는 열린 마음이 필요하며

동시에 "에이 그게 뭐야?"라는 비판의 소리는

듣지 않을 용기가 필요하다.

모든 비판을 수용하면 결국 독창성은 사라지고

평범한 것만 나오기 때문이다.

지성인은 결국 특색이 있는 사람을 말한다.

그것을 가지려면 자신을 믿는 용기가 필요하다.

타인의 경험보다 자신의 경험을 선택하는 아이

2개월에 한 번 정도 초등학생 대상 강연을 하고 있다. 강연을 앞두고 사람에 따라 이런 고민을 하기도 할 것이다.

'요즘 초등학생들 가르치기 정말 힘들다고 하던데, 초등학교 교사를 하는 지인에게 조언 좀 구할까?'

하지만 나는 처음부터 조언을 구하지 않고 시작했다. 타인의 경험으로 만들어진 조언보다는, 지금은 부족하지만 시작부터 나의 경험을 쌓아야 진짜 나의 지식이 된다고 생각했기 때문이다. 하지만 내 선택이 정답은 아니다. 바라보기에 따라서 얼마든지 다른 방법을 찾을 수도 있다.

① 초등학교 교사에게 진지하게 조언을 받는다

② 조언을 받지 않고 몸으로 부딪치며 얻은 경험을 쌓는다

③ 조언도 받고 참고해서 실전에서 경험을 쌓는다

중요한 건 정답이 아니라 '하나를 선택하는 강한 의지'다. 하나를 선택해야 생각해서 말하고, 쓸 수 있다. 누군가 하나를 선택해서 세상에 표현하면 바로 "왜 다양성을 인정하고 존중하지 않느냐?"라는 비난을

받는다. 그들은 오히려 나의 다양성을 인정하지 않은 것이다. 세상이 그렇다. 무언가를 가장 강하게 주장하는 사람들은 때로 자신이 주장하는 것을 가장 지키지 않는 사람들이다. 그들은 앉아서 행운을 차버리는 사람이다. 지성인은 자기 의견이 있으며, 경험으로 주장할 수 있는 사람이다. 그들은 대개 운이 좋다는 말을 자주 듣는다. 이유는 간단하다. 온갖 불행한 일들 중에서도 가장 좋은 것을 바라보는 사람은 감정이 흔들리지 않아서, 언젠가 좋은 것을 만난다. 운이 좋다는 것은 불행한 세월을 오래 흔들리지 않고 견뎠다는 증거다. 운이 나쁜 사람은 같은 상황에서도 나쁜 것만 바라보기 때문에 한 공간에서 차분하게 정진하지 않고 다른 자리로 이동하게 된다.

타인의 기준에 흔들릴 때마다 앞서 제시한 지성인의 세 가지 태도를 읽어보라. 부모의 인식이 결국 아이의 인식을 결정하기 때문에 부모가 먼저 바뀌는 게 중요하다.

발을 내려다보지 말고 별을 올려다보라

여기, 한 청년의 가슴 아픈 고백을 들어보라.

"스물한 살에 루게릭병 진단을 받았을 때, 나는 하늘이 무너져 내리는 듯 고통스러웠다. 이걸로 내 삶이 끝났고, 내가 느끼는 나의 잠재력을 결코 발휘하지 못할 거라고 생각했다."

스스로 자신의 잠재력을 느낄 정도로 청년에게는 분명한 재능이 있었지만, 그는 병으로 재능을 발휘할 기회를 잡을 수 없다고 생각했다. 그가 나의 자식이라고 생각하며 아픈 마음을 느껴보자. 재능을 알지만 발휘하지 못할 거라는 사실에 얼마나 고통스러운 나날을 보냈을까? 하지만 놀랍게도 그는 불행을 받아들이지 않기로 결심한다. 그리고 모든 것이 달라졌다.

21세의 나이로 전신 근육이 서서히 마비되는 '루게릭병' 진단을 받은 청년의 이름은 바로, 자신의 병을 극복하며 동시에 물리학자의 삶을 쟁취한 스티븐 호킹 박사다. 그는 루게릭병을 진단받고 하늘이 무너져 내리는 고통을 느꼈지만, 고통을 받아들이지 않겠다고 결심한 후 이렇게 외쳤다. 그의 말을 아이와 함께 필사해보자.

발이 아닌 별을 보겠다.

이 문장이 지루한 현실을 아름답게 바꿨다. 그는 오히려 진단을 받기 전까지 자신의 인생이 정말 지루했다고 말하며, 어차피 병에 걸렸다면 모든 힘을 다해 내 일을 하자는 생각으로 재능에 집중했다. 불행 속에서도 그가 자기 길을 발견해낼 수 있었던 근본적인 힘은 무엇일까?

고요한 마음으로 자신에게 집중하라

마음이 고요할 때 보이지 않는 것들이 보인다. 하지만 문제는 그 사실은 다 알지만, 마음을 고요하게 만들기가 참 힘들다는 것이다. 매일 놀랍도록 신비한 일이 생기고, 세상은 자꾸 나를 괴롭히고, 해야 할 일도 많다. 나쁜 사람도 자주 나타나고, 믿음보다는 의심으로 무장해야 그나마 덜 힘들게 살 수 있을 정도로 각박한 세상에 살고 있기 때문이다.

조용한 곳에서 느리게 살며 자신에게만 집중하는 나날을 보내면 자연스럽게 고요한 마음으로 살 수 있다. 그래서 단기로 그렇게 살 수 있게 환경을 조성한 곳도 있고, 각종 교육 프로그램도 있다. 문제는 일시적이라는 사실이다. 그곳을 떠나면 고요한 마음도 우리를 떠난다. 그건 좋은 방법이 아니다.

결국 마음의 평안과 일상을 바꿀 좋은 생각은 현실을 대하는 우리의 마음이 결정한다. 50년 이상 별을 바라보며 빛나는 우주를 사랑한 스티븐 호킹은 마침내 우주에서 가장 아름답고 귀한 것을 찾아냈다. 그의 삶에서 발견한 다음 동기부여 문장을 아이가 필사하게 하자.

사랑하는 사람이 살고 있지 않다면,

우주는 대단한 곳이 아니다.

발을 내려다보지 말고 별을 올려다보자.

내가 발견한 우주는 인간의 사랑이었다.

말을 하지 못하고 손도 제대로 쓰지 못하는 삶을 살았지만,

지치고 힘들어 죽음을 생각하기도 했지만,

사랑이라는 넓고도 깊은 우주가 있어,

나는 모든 고통을 견딜 수 있었다.

사랑의 귀함을 아는 아이로 키우자

사랑은 힘든 이들을 모든 불행에서 구해냈다. 우주보다 넓고 깊고 아름다운 것은, 한 사람을 바라보는 다른 한 사람의 사랑이다. 사람이 사람을 사랑할 때, 그 연약하고 나약한 사람은 오직 한 사람을 위한 가장 강한 사람이 된다. 그게 바로 내 아이를 사랑하는 부모의 역할이다. 아이에게 이런 말을 자주 들려주는 게 좋다.

> 사랑하는 사람을 자주 만나라. 그것은 가장 멋진 우주를 곁에 두는 일이란다. 너 스스로 사랑 받는 사람이 되어라. 스스로 아름다운 우주가 되는 일이니까. 세상을 근사하게 만들고 싶다면, 누군가를 만날 때마다 기억하자. 사랑하는 사람의 눈동자에 너와 나만 아는 가장 멋진 우주가 있다.

현실이 아무리 힘들어도 이런 말을 자주 들려주는 부모가 있다면 아이는 자기 삶을 쉽게 살거나 포기하지 않는다. 불행에서도 행복을 발견하고, 단점에서도 장점을 발견해 자기 것으로 만든다. 사랑을 추구하며 아이에게 좋은 마음으로 다가가면 지성인의 공부에 닿을 수 있다.

아이의 관찰력을 길러주는 대화들

B 자연은 매우 중요하다. 서로 다른 분야의 아이디어를 하나로 연결하는 능력이 모두 자연에 존재하기 때문이다. 우리가 바람과 모래, 햇살 등 자연에서 무언가를 배울 수 있는 이유는, 그것들 안에 어떤 감정과 마음이 녹아 있는지 상상할 수 있기 때문이다. 이전에 교감하지 않던 것과 교감하게 되면, 이전에는 배울 수 없던 것을 배울 수 있게 된다.

공원에서 친구들과 축구를 하다가, 아이가 찬 공이 공원 가장자리에 핀 장미를 스쳤다고 가정해보자. 그때 만약 옆에 같이 있었다면, 아이에게 뭐라고 말해줄 수 있을까? 아이에게 관찰 능력을 주고 싶다면, 이렇게 말하면 어떨까?

"장미꽃에 입이 있다면, 지금 너에게 뭐라고 말할까?"

“아이가 유치하다고 대답하지 않으면 어쩌지?”라고 생각하며, 어른의 생각으로 아이를 재단하지 말자. 그건 아이들의 감수성을 몰라서 하는 말이다. 아이들이 방에서 몇 시간 동안 장난감 하나로 놀 수 있는 이유는, 그 안에 생명을 부여해서 소중한 ‘나의 것’으로 생각하기 때문이다. 답을 하진 않지만 묻고, 움직이진 않지만 손으로 이동하며 감정이입을 하며 공간과 시간을 즐긴다.

흥미로운 관찰의 세계로 아이를 초대하라

"나 너무 아파서 병원에 가야 할 지경이야."

"내게도 발이 있다면, 너처럼 공을 차고 싶다."

아이들은 마치 사람을 대하듯 장미꽃을 바라보며 이런 답을 할 것이다. 그때 조금 더 아이를 관찰의 세계로 가까이 끌어오는 게 부모의 역할이다. 나는 매우 긴 시간 아이들이 무언가를 관찰하는 모습을 바라보며 최근에 '관찰하는 아이를 위한 시'를 하나 썼다. 이 시를 필사하며 아이와 관찰의 힘과 자세에 대해서 대화를 나눠보자.

작은 먹이를 들고 지나가는

먹이보다 더 작은 개미,

잔잔한 바람에도 흔들리는 낙엽,

하루가 다르게 선명하게 빛나는 장미.

내가 조금만 더 고개를 숙였다면,

내가 더 다가가 너를 가까이서 봤다면,

이미 오래전에 발견할 수 있었던 것들.

흙이 바지 여기저기 묻어야,

가시가 따끔하게 손을 찔러야,

마음의 눈으로 바람을 바라봐야,

그제야 보고 느낄 수 있는 모든 것들.

가만이 앉아서는 알 수 없는,

조금만 더 유치해지면 발견할 수 있는,

세상이 여기저기에 숨겨 둔 보물들.

하루 10분 관찰 일기 쓰는 법

아이는 자신이 찬 공에 맞은 장미와 대화를 나누며, 약자를 보호하는 자세와 상황에 따라 현명한 선택을 하는 법, 상처 받은 사람에게 제대로 사과하는 방법까지 많은 것을 배울 수 있다. 자연은 문학이다. 문학에는 답이 없다. 마찬가지로 자연도 정해진 답이 없다. 그것을 바라보는 사람에 따라 다른 모습으로 보이기 때문이다. 당연히 얻는 것도 다르다. 그 순간을 매일 아이가 경험할 수 있다면 아이의 삶은 많이 달라질 것이다. 하루 10분 동안 다음의 과정으로 관찰 일기를 함께 써보자.

① 먼저, 오늘 하루 있었던 일에 대해 함께 생각하자.

② 다만 해답을 찾아내려고 하지 말자.

③ 장미꽃의 사례처럼 나의 생각과 나와 인연을 맺은 상대의 감정을 따로 생각해 글로 적자.

④ 서로 다르게 생각한 이유에 대해서도 적자.

⑤ '앞으로는 어떻게 행동해야 할까?'에 대한 생각을 적고, 오늘의 일을 통해 느낀 부분이 무엇인지 쓰며 마무리하면 된다.

관찰 일기를 쓰며 중요한 것은, '사람마다 사유의 폭도 다르고 철학의 깊이도 다르다.'라는 사실을 인정하고 아이를 대해야 한다는 사실이다. 짧아도 괜찮다. 아이가 자신의 하루를 섬세하게 관찰하는 게 중요하다.

시를 읽는 시간의 힘

B 시가 아이의 언어 감각과 창의성을 기르는 데 매우 중요하다는 사실은 잘 알고 있지만, 일상에서 시를 접하게 하는 것이 참 쉽지 않다. 부모에게도 시는 매우 어려운 존재이기 때문이다. 지성인의 공부에서 시는 필수다. 시는 자연을 매우 근사하게 접하게 하는 최고의 도구이기 때문이다. 내게는 시대의 지성들이 자녀교육에 실천한 시를 접하게 할 쉽고 간단한 방법이 있다.

먼저 쉽게 읽고 의미를 파악할 수 있는 시를 선택하자. 이를테면 나태주 시인의 「풀꽃」이라는 시가 있다. 먼저 아이와 함께 읽어보자. 아주 천천히, 사랑하는 사람에게 전해주는 선물인 것처럼 읽으면 더 좋다. 이 시가 말하는 게 바로 그것이니까.

풀꽃

자세히 보아야
예쁘다

오래 보아야
사랑스럽다

너도 그렇다.

- 나태주, 「풀꽃」(『꽃을 보듯 너를 본다』, 지혜, 2015.6.20)

참 간단하지만, 그래서 더 아름답다. 하지만 많은 사람의 문제는 읽기만하고 끝낸다는 사실이다. 시가 좋다고 말하지만, "왜 좋은가?"라고 물으면 사실 쉽게 답하기 어렵다. 그래서 자꾸 암기하려고 하면서, 점점 시가 싫어진다. 시를 암기의 대상으로 바라보는 건, 미안하지만 매우 지혜롭지 못한 선택이다. 시가 좋은 이유를 알게 되면 저절로 이해하게 되며, 마음에 담게 된다. 내가 발견한 시가 좋은 이유는, 일상에서 자주 일어나는 상황과 쉽게 연결할 수 있기 때문이다. 모두 각자의 이유를 발견해보자. 소중해져야 사랑할 수 있고, 그렇게 무언가를 배울 수 있다.

시를 일상에 연결해보기

이번에는 시를 우리의 일상에 연결해서 써보자. 내게는 글을 쓰며 사색하는 '사색하우스'라는 공간이 있다. 정원에 충분히 물을 주려면 정확하게 2시간 45분이 필요하다. 호스를 잡고, 개미가 수차례 다리를 물고 지나가는 따끔한 아픔을 감수하며, 2시간 45분 내내 정원에 있는 생명에 집중해야 한다. 하지만 나태주 시인의 시를 읽고 나는 '오래 본다는 것이 이런 거구나.' 깨달았다. 그리고 이런 시를 썼다. 아이와 함께 필사하며 나태주 시인의 시와 비교하며 읽어보자.

사색하우스의 정원

그냥 보고 지나가면,
3분이면 충분합니다.

아무리 다가가 열심히 봐도,
30분이면 다 볼 수 있지요.

하지만 사랑하려면,

더 긴 시간이 필요합니다.

2시간 45분 동안 물을 준 사람만이,

정원에 핀 작은 풀의 사연까지

귀 기울여 들을 수 있으니까요.

아이에게 시를 읽을 수 있는 능력을 선물하라

집에 정원이 없다면 작은 화분도 괜찮다. 화분에 물을 주며 아이와 「풀꽃」을 낭송해보자. 마른 흙과 생명이 물을 받으며 내는 생명의 소리를 코와 눈으로 목격하며 아이는 비로소 시를 삶에 연결할 수 있게 된다. 아이에게 시를 읽을 수 있는 능력을 주는 건, 자연이라는 위대한 유산을 통째로 선물해 주는 것과 같다. 부모가 해줄 수 있는 가장 근사한 선물인 셈이다.

아이에게 돈을 주지 못함을 안타깝게 생각하지 말자. 아이에게 시를 주고 시를 사랑하게 하라. 일상의 시인이 되어, 자신의 삶을 아름답게 칠할 수 있게 하라. 모든 사람들이 그대의 아이를 아름답게 기억할 수 있게 하라.

창조적인 아이로 키우는 부모의 언어 습관

"식탁이 없어서 불편한데 하나 살까?"

"지금도 거실이 좁은데 그걸 어디에 놓게!"

"냉동 새우를 한 봉지 사려고 하는데 어때?"

"지금 냉동고 포화상태야, 더 안 들어가, 사지 마!"

사례로 든 두 대화의 공통점이 뭘까? 내가 생각할 때는 매우 위험한 대화다. 만약 아이가 옆에서 듣고 있다면 피해야 할 대화라고 볼 수 있다. 창조의 통로를 막고 안주의 늪에 빠지게 만드는 언어이기 때문이다. 뭔가를 하려고 시도할 때, "아냐 지금은 불가능해!"라고 말하는 사람이 있고, "그래? 한 번 방법을 찾아볼까?"라고 묻는 사람이 있다. 당연히 전자와 후자는 전혀 다른 삶을 산다. 현실에 안주하는 사람과 끝없이 방법을 찾는 사람이 사는 곳은 같을 수 없기 때문이다.

'언어' '창조' 이런 단어는 괜히 우리의 마음을 힘들게 한다. 어렵고 복잡한 거라는 생각을 하기 때문이다. 하지만 창조적인 언어 습관이라는 게 따로 배우거나 연구를 통해 길러지는 것은 아니다. 사소하지만 위대하게 바라보는 시선, 거기에 내 아이를 사랑하는 마음만 연결하면 된다. 그럼 보이는 모든 것이 새롭게 느껴질 것이고, 입에서 나오는 말도 이전과는 다를 것이다.

창조의 언어는 사랑을 먹고 자란다.

가치 있는 것을 창조하는 사람의 비밀

방법은 아래 글에 모두 담겨 있다. 소리 내서 읽으며 필사해보자.

가치 있는 것을 창조하는 사람이 되고 싶다면,
무언가를 '좋다, 나쁘다' 혹은 '된다, 안 된다'로 평가하지 말고,
'어떻게 하면 더 좋은 것을 만들 수 있을까!'라는,
희망의 시선으로 세상을 바라봐야 합니다.
된다고 생각해야 되는 방법을 찾을 수 있습니다.

늘 '된다, 안 된다'라고 판단하는 사람들의 공통점은 상황을 언제나 단정하고 있다는 데 있다. "우리 집 거실은 좁아서 뭘 더 놓을 수 없어." "냉동고가 꽉 찼으니 이제는 아무것도 사면 안 돼!"처럼 말이다. 물론 정말 좁고 꽉 찬 상태일 수도 있다. 하지만 세상 모든 사람이 그 생각에 빠져 있었다면, 요즘 유행하는 정리 전문가는 탄생하지 못했을 것이다. 모두가 힘들 거라고 단정했을 때, "기존에 있던 물건을 정리해서 자리를 마련할 방법이 없을까?"라고 생각한 사람이 나타났고 그는 자신의 삶을 바꾸는 동시에 다른 사람의 삶도 바꾸는 정리 전문가가 되었다.

긍정적인 생각으로 하루를 살아라

직업도 공간도 꿈도 희망도 모든 새로운 것은 그것이 가능하다고 생각하는 자의 몫이다. 직업도 마찬가지다. 취직할 곳이 없다고 불평하기보다는 내가 직업을 하나 만들자는 생각을 하면 된다. 그런 창조적인 아이로 키우기 위해서는 부모가 먼저 그런 사람이 될 수 있는 언어를 사용해야 한다. 언어는 어떤 전염병보다 강력해서 가장 빠르게 주변 사람을 변화시킨다. 이번에는 부모가 아래 글을 읽고 필사해보자. 아이를 바라보며 어떤 말을 들려줄 때마다 더 적절한 단어와 표현을 찾는데 도움이 될 것이다.

지금도 아이는 부모를 배우고 있다. 어린 아이는 아직 글을 쓰진 못하지만, 오늘도 부모의 삶을 보며 생각하고 있다. 참 무서운 사실이다. 아이는 지금도 당신에게 말과 글을 배우고 있으니까.

아직 말하지는 못하지만 부모의 대화를 들으며 언어를 익히고, 아직 걷진 못하지만 부모의 삶의 태도를 관찰하며 걷기를 연습한다. 말하지 못한다고, 아직 걷지 못한다고 쉽게 생각하지 말라. 아이는 세상에 나오면서부터 이미 부모를 바라보며 모든 것을 배우고 있다. 어떤 부모에게는 세상에서 가장 무서운 사실일 수도, 정말 아름다운 현실일 수도 있다.

자신의 아이를 사랑하는 그대여, 아이의 모든 것을 아름답게 느껴지게 하고 싶다면, 예쁘게 말하고, 긍정적으로 생각하고, 뭐든 할 수 있다는 눈빛으로 하루를 살아라. 그대 아이가 모든 것을 흡수할 것이다.

세상 모든 것을
돈의 가치로 환산하지 마라

B마트에서 큰 마음을 먹고 오랜만에 최고 등급 한우 안심을 사서 저녁으로 스테이크를 준비했다. 모든 가족이 식탁에 앉았고, 드디어 아이가 스테이크를 썰어서 입에 넣었다. 그런데 아이가 뭔가 불만족스러운 표정으로 "늘 고기가 좀 별로네."라고 말하면, 당신은 뭐라고 답할 것 같은가? 아마 대개의 부모가 "이게 얼마짜리 고기인 줄 알아?"라는 식으로 대화를 시작하기 쉽다. 학용품을 아껴서 쓰지 않는 아이에게 "그게 얼마나 비싼 건지 알아? 아껴서 써야지."라고 말하고, 부모의 자동차 가격에 대해 묻는 아이에게 "아빠 자동차가 저기 서 있는 차보다 두 배는 비싸지."라고 답한다면, 그런 부모의 말이 아이에게 어떤 영향을 미칠까? 모든 것을 돈의 가치로 환산해서 표현하는 부모의 말을 듣는 아이의 심정은 다음 글을 보면 쉽게 이해할 수 있다.

'상위 1%만 살 수 있는 아파트'

'상위 1%에게만 허락된 최고급 호텔'

'상위 1%가 아니면 느낄 수 없는 안락함'

우리가 일상에서 자주 접하는 광고 카피들이다. '상위 1%'라는 표현에 대해 어떻게 생각하는가? 괜히 짜증이 나고, '거기에 속하지 않는 99%의 사람은 사람도 아닌가?'라는 생각이 들면서 사는 의미를 잃을 수도 있다. 그럼 아이는 어떤 기분을 느낄까? 아직 돈을 벌지 않는 나이라서 삶의 의미를 잃을 염려는 없지만, 대신 그보다 중요한 삶의 의미에 대한 자신의 가치를 이렇게 정할 가능성이 높다.

'모든 물건과 생명까지도 돈으로 그 가치를 측정할 수 있다.'

배움의 대상을 한정 짓지 마라

오랜만에 만난 말을 제대로 하지 못하던 지인이 유창한 말솜씨와 감각을 보여주면 "스피치 학원에서 배웠나?"라는 생각이 든다. 하지만 남들이 발견하지 못한 상대의 가능성과 가치를 알아보는 사람의 태도와 시선은 달라야 한다.

'못하던 말을 잘하기 위해 얼마나 연습했을까?'

'말을 잘하기 위해 그 동안 어떻게 애를 썼을까?'

그리고 그 질문의 방향은 사랑으로 향해야 한다.

'말하기를 얼마나 사랑했으면, 그렇게 못하는 자신을 믿고 사랑하며 더 잘하기 위해 분투했을까?'

그 단계에 이르면 이제 그 사람의 가치를 발견해 무언가를 배울 수 있다. 어떤 대가도 우리에게 무언가를 저절로 주진 않는다. 하지만 우리는 어떤 아이에게도 무언가를 배울 수 있다. 살아 있는, 아니 생명이 없는 존재에서도 우리는 배울 수 있다. 배움은 대상이 아닌 그걸 바라보는 자가 결정하는 것이기 때문이다. 아래 글을 필사하며 아이가 그 마음에 접근할 수 있게 하자.

"이거 비싼 지우개야."라는 말보다는

"너에게 주고 싶은 선물이야."라고 말하며,

정성껏 포장해서 전해주는 사람이 좋습니다.

"이게 얼마나 좋은 건지 알아?"라는 말보다는,

"네가 입으면 잘 어울릴 것 같아."라고 말하며,

수줍게 직접 고른 옷을 선물하는 사람이 좋습니다.

돈이 아닌 마음을 보여주고,

높이가 아닌 깊이를 보여줄 때,

우리는 그 사람을 사랑하게 됩니다.

그때 보이는 것은 전과 비교할 때 더욱 빛납니다.

아이와 함께 노는 부모가 아이의 가치를 알아본다

중요한 건 아이를 대하는 부모의 자세다. 내가 아이와 지내는 시간을 자주 가지라고 말하면, 바로 이런 식의 불만이 쏟아진다.

"아이랑 매일 놀아주는 게 얼마나 힘든 일인데요."

문장 뒤에 수많은 느낌표가 붙어 있는 듯 매우 강렬한 항의처럼 들리는 말이다. 모든 불만에는 그것을 풀 방법도 반드시 존재한다. 힌트는 결국 문장 안에 있다. 물론 매일 아이와 놀아주는 건 어려운 일이다. 왜 힘들까? '놀아주기' 때문에 힘든 거다. 놀아준다는 것은 위에서 아래를 내려다보는 자의 표현이다. '다른 할 일도 많지만' '그래도 내가 부모라서 어쩔 수 없이' '어디 맡길 수도 없으니까' 등의 수많은 부정적 생각이 앞에 생략된 말이다. 언제나 전문가들은 아이는 그저 작은 사람일 뿐, 동등한 인격체로 대해야 한다고 조언한다. 하지만 그 말을 방금 들은 부모도 아이를 만나면 다시 아이를 '내가 놀아줘야 하는' 대상으로 본다.

생각을 바꾸면 현실이 바뀐다. '놀아줄 아이'가 아닌, '함께 놀 사람'이라는 관점으로 바라보자. 함께 노는 사람은 쉽게 질리거나 힘들다고 말하지 않는다. 결국 아이와 함께 있는 시간이 힘든 이유는 놀아준다는 표현을 사용했기 때문이다. 함께 시간을 행복하게 보낸다고 생각하면 아이를 대하는 마음과 시간이 전과 다르게 느껴진다. 물론 완벽하게 달라지지는 않을 수도 있다. 하지만 조금이라도 달라진다면 시도할 가치는 충분하지 않을까?

부모가 먼저 아무도 발견하지 못한 아이의 가치를 발견해야 한다. 그러기 위해서는 아이를 나와 동일한 하나의 인간으로 바라볼 수 있어야 한다. 시간이 날 때마다 다음 글을 낭독하며 부모가 스스로 세상과 사람의 가치를 알아볼 수 있는 사람이 될 수 있게 노력하자.

그 사람의 현재에 대해 알고 싶다면 지금 읽는 책을 물어보라.
그의 과거를 알고 싶다면 그의 책장을 관찰하라.
그의 미래를 알고 싶다면 무슨 글을 쓰고 있는지 살펴보라.
가장 자주 쓰는 단어는 그의 미래를 만들 뼈대를,
자주 사용하는 표현은 살이 되어 미래를 완성할 것이다.
읽고 쓰고 표현하는 모든 게 모여 인생의 가치를 결정한다.

자연이 아이에게 알려주는 것들

B 아이와 함께 강원도 여행을 갔던 적을 떠올려 보자. 당신은 지금 차를 타고 강원도 부근을 지난다. 밖은 영하 15도, 체감온도는 무려 영하 23도다. 새벽 4시에 헤드라이트를 켜고 달리는 도로, 밖은 얼음이지만, 좌석은 전기 히터로 따뜻하다. 순간 밖에서 당당하게 추위를 견디는 자연이, 매연과 공해를 배출하며 따뜻하게 지내는 당신에게 묻는다.

"따뜻하니까 좋아?"

절로 마음의 눈을 감게 될 것이다. 인간은 조금 더 편안하게 지내기 위해 다양한 방법을 사용한다. 그런데 대부분의 방법은 자연에 안 좋은 영향을 미치는 것들이다. 아이와 함께 그것들에 대해서 이야기를 나눠 보자. 서리가 무수히 쌓인 나무와 조금이라도 흔들리면 바로 부러질 것처럼 완전히 얼어버린 자연의 풍경 안에서, 우리는 자신에게 묻는다.

"인간은 착하게 태어난 걸까? 아니면 이기적으로 태어난 걸까?"

중학교 시절 배운 성악설과 성선설, 당시엔 그저 그것을 주장한 사람의 이름과 한자로 어떻게 쓰고 발음하는지, 그리고 내용은 무엇인지를 외우기에 급급했다. 하지만 추운 겨울에 따뜻한 의자에 앉아 이동하며, 얼음처럼 차가운 자연을 바라보며 생각한 사람은, 성선설과 성악설이라는 단어를 몰라도, 그게 무엇인지 느끼며 깊이 사색하며 받아들인다. 우리는 자연을 마주하며 매우 자연스럽게 교과서에서는 가르칠 수 없는 것을 전할 수 있다.

교과서가 아닌 자연을 보여주어라

부모라면, 아이에게 교과서가 아닌 자연을 보여줘야 한다. 물론 그냥 바라보면 되는 건 아니다. 아래 질문을 필사하게 하라. 동시에 아이가 필사한 부분 아래에 짧게라도 자기 생각을 적으면 논술 등에서 창의적인 글을 쓰는 데 도움이 될 것이다. 논술은 일상에서 생각한 영감과 주제문을 연결해야 나만 쓸 수 있는 독창적인 하나의 글로 완성되는 것이기 때문이다.

"밖에서 떨고 있는 나무를 보면 무슨 생각이 드니?"

"너는 왜 따뜻한 것 같아?"

"우리가 편의를 위해 사용하는 온갖 기름과 가스는 자연에 어떤 영향을 미칠까?"

"네가 할 수 있는 건 뭘까?"

"우리는 앞으로 어떻게 살아야 할까?"

"착한 사람이란 어떤 사람을 말하는 걸까?"

"처음부터 악한 사람이 있을까?"

이 모든 질문의 의도는 반성이 목적은 아니다. 자연에 부정적인 영향을 미치는 기름과 가스가 아닌 다른 에너지를 계발해서 자연과 공생하려는 마음을 아이에게 느끼게 하는데 그 목적이 있다. 모든 질문을 필사한 후 부모와 적절한 대화를 거치며 아이들은 매우 다양한 생각을 하게 될 것이다. 이런 멋진 한 줄을 생각하게 될 수도 있다.

세상을 바꿀 창의력은

세상과 함께 살기 위해 노력할 때 생긴다.

이를 통해 아이는 자연에서 무한한 가능성을 배울 수 있음을 실감하게 된다.

꽃이 되기까지의 과정에 주목하라

지식은 주입으로 쌓을 수 있지만 지혜는 스스로 배워야 가능하다. 지식을 주입하는 것은 기계도 할 수 있는 기초적인 행동이지만, 무언가를 스스로 배운다는 것은 생각하는 인간만이 할 수 있는 고차원적인 지적 행동이기 때문이다. 자연이 스승이라는 말만 내뱉는 부모가 되지 말라. 실제로 자연이 스승이라는 것을 교육으로 보여주고, 일상에서 그것을 발견하고 실천할 수 있게 도와줘야 한다.

나는 이 마지막 챕터를 통해 '자연에서 가르침을 얻는 법'을 이야기하고 싶다. 받는 게 아니라 '얻는 것'이다. 귀한 지식을 그냥 주는 사람은 없다. 또한 그냥 주는 건 아무리 많이 쌓아도 삶에 큰 도움이 되지 않는다. 가르침은 스스로 발견해서 얻어내야 한다. 그래야 나의 것이라고 부를 수 있다.

또한, 과정을 잊지 말라. 목적지만 바라보면 도착만 생각하게 되니 과정이 모두 사라진다. 아이가 바라보는 자연은 꽃의 아름다움이 아닌, 꽃이 되기까지의 과정이어야 한다. 그게 아이를 성장하게 할 가장 근사하고 기품 있는 교육이다.

배움이란, 자기 자신을 사랑하는 행위

하나 제안하고 싶다. 모든 공부를 시작하기 전, 아이에게 이 질문을 먼저 해보자.

"너는 왜 공부하니?"

만약 아이가 질문에 제대로 자신의 생각을 말했다면, 이 책은 읽지 않아도 된다. 하지만 쉽게 답하지 못하고 잠시라도 고민에 빠졌다면 꼭 이 책을 몇 번 반복해서 읽기 바란다. 독서, 시험, 체험 등 우리가 사는 거의 모든 행위는 결국 공부다. 무언가를 시작하며 더 나은 나를 위해 배우려고 분투한다. 그런데 왜 배움은 끝나지 않을까? 공부는 평생 동안 하는 거니까? 그건 진부한 답변이다. 왜 평생 배우기만 하는가? 배운 건 대체 언제 써먹을 생각인가? 그럼 질문을 바꿔야 한다.

"나는 왜 배운 걸 써먹지 못하는가?"

답은 간단하다.

"배운 게 없으니까."

책이 탄생한 이후 변하지 않고 사랑받는 분야가 바로 '공부'이다. 서점에 가면 공부에 대한 다양한 책이 있다. 공부라는 단어가 전면에 나오지 않더라도 철학을 돈으로 바꾸는 법, 지식과 정보를 돈으로 연결하는 방법을 알려주는 책도 공부의 범주에 속하는 책이라고 볼 수 있다. 다시 질문해보자. 그런 책은 왜 나오고, 왜 독자의 사랑을 받는가?

"배운 것을 사용하지 못하기 때문이다."

다시 본질로 침투해보자.

"사실, 배운 게 없기 때문이다."

물론 세상에는 위대한 지식인도 많고 정보와 지식을 매우 많이 쌓은 사람도 많다. 하지만 그들의 지식은 왜 배움이나 생산적인 것으로 이어지지 않을까? 가장 중요한 것을 다지지 못한 채 배움만 갈구했기 때문이다. 바로 '나와 잘 지내기'를 실천하지 못한 것이다.

아무리 배워도 성장하지 못한 채, 죽는 날까지 중독된 것처럼 새로운 지식만 갈구하는 사람이 있다. 안타깝지만 이들의 공통점은 공부의 시작이 타인의 관심이나 요청으로 이루어졌다는 데 있다. 자기 내면의 요청이 아닌 타인과 세상에 잘 보이기 위해 시작한 공부는 아무리 시간이 지나도 나아지지 않는다.

먼저 '나와 잘 지내는 법'을 배워야 한다. 결국 무언가를 배우는 이유는 미래의 자신을 위해서다. 중심에 자기 자신이 있어야 배움의 틀이 강해지고 유혹에 흔들리지 않는다. 나는 나와 잘 지내야 한다. 그것도 평생.

자신과 잘 지내고 싶다면 자신의 좋은 부분만 바라보라. 물론 바꾸거나 버리고 싶은 부분도, 못난 부분도 눈이 보일 것이다. 그럼에도 좋은 부분을 바라보는 필터를 통해 자신을 바라봐야 하는 이유는, 나쁜 부분은 그냥 봐도 보이지만 좋은 부분은 계속 생각하는 정성을 쏟아야 발견할 수 있는 것이기 때문이다. 소중한 자신에게 우리가 가진 가장 값진 정성이라는 선물을 주라.

그리고 또 하나, 자신과 잘 지내는 법을 배우지 못한 사람들이 나중에 자기 삶을 제어하지 못한 채 망가진 날을 사는 이유는, 힘들어도 상담할 사람이 주변에 없기 때문이다. 아니, 더 자세하게 말하면 상담자를 주변에서 구하기 때문이다. "응 그게 무슨 말이지?"라고 묻는 분도 계실 거다. 힘들 때 나의 고통에 공감하며 품에 안아줄 사람은 다른 사람이 아닌 바로 자신이다. 내가 내게 기댈 수 없다면 그 인생은 대체 무슨 가치가 있는가.

"왜 공부하는가?"

이 질문에 가장 멋진 답을 해낼 사람은, 자신과 잘 지낼 줄 아는 사람이다. 그는 일주일 내내 혼자 있어도, 혹은 1년 내내 사람들 사이에 있어도, 언제나 세상의 벅찬 기대를 받는다. 이유가 뭘까?

"그 빛을 도저히 감출 수 없으니까."

태양 앞에서도 빛나는 지성인으로 키우고 싶다면, 아이를 근사하게 키운 모든 부모가 자신의 삶으로 전하는 다음 아래 문장을 필사하고 사는 내내 기억하자.

나는 내 아이를 사랑했다.
그로 인해서 많이 아프고 힘들었지만,
그 아픔과 시간 속에서 우리는 배울 수 있었다.

서로를 사랑하는 마음이 얼마나 우리를 아름답게 만드는가. 공부는 결국 사랑을 나누고 그 안에서 기쁨을 느끼는 것이라는 매우 멋진 사실을 이 글을 읽는 모든 부모가 마음으로 받아들이길 소망하며, 긴 사색으로 완성한 이 책을 마무리한다.

'하루 한 줄 인문학 필사 노트' 다운로드 방법

필사 노트 파일은 어디에서 받을 수 있나요?

① 왼쪽 QR코드에 접속해서 양식을 다운로드 해요.
('청림라이프' 블로그로 연결됩니다.)

② 출력해서 노트로 만들 수 있어요.

필사 노트는 어떻게 활용하나요?

하루에 한 줄씩,
인문학 필사 노트

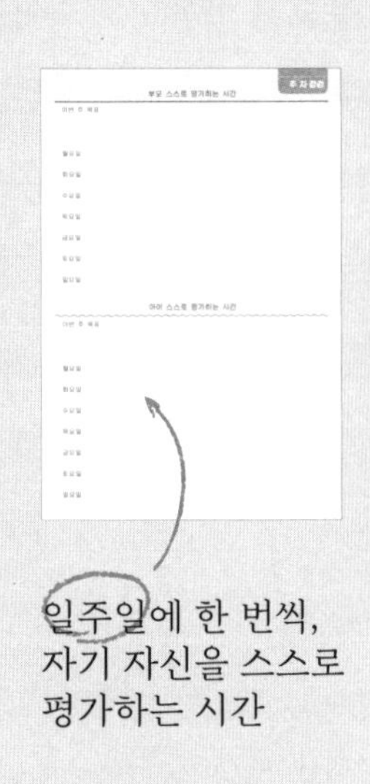

일주일에 한 번씩,
자기 자신을 스스로
평가하는 시간

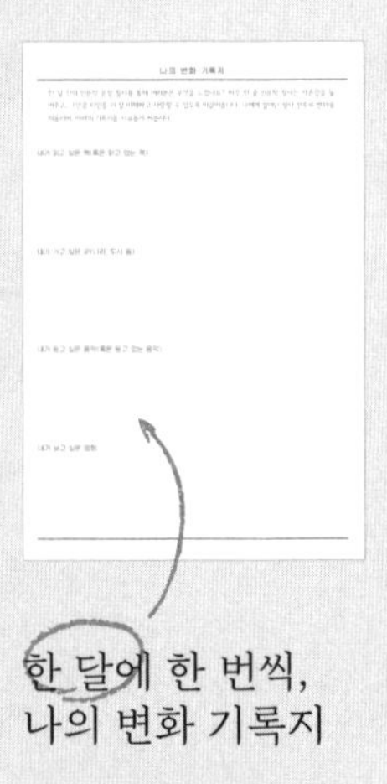

한 달에 한 번씩,
나의 변화 기록지

'하루 한 줄 인문학 공부 노트' 다운로드 방법

공부 노트 파일은 어디에서 받을 수 있나요?

① 왼쪽 QR코드에 접속해서 양식을 다운로드 해요.
('청림라이프' 블로그로 연결됩니다.)

② 출력해서 노트로 만들 수 있어요.

공부 노트는 어떻게 활용하나요?

오늘의 목표 월 일

오늘 하루 느낀 점을 적어보세요

아이의 자기주도성을 기르는
공부 계획표

① 아이 스스로 오늘의 공부 목표를 세울 수 있어요.

② 오늘 할 일을 잘 마무리했는지 아이가 직접 체크해요.

③ 아이가 오늘 하루 느낀 점을 적어보고, 책 속 '공부 동기부여 문장'을 필사할 수 있어요.

자기주도 학습력을 높이는 동기부여 문장 100

아이의 공부 태도가 바뀌는 하루 한 줄 인문학

1판 1쇄 발행 2019년 10월 21일
1판 7쇄 발행 2022년 1월 3일

지은이 김종원
펴낸이 고병욱

기획편집 이새봄 이미현 김지수
마케팅 이일권 김윤성 김도연 김재욱 이애주 오정민
디자인 공희 진미나 백은주 **외서기획** 이슬
제작 김기창 **관리** 주동은 조재언 **총무** 문준기 노재경 송민진

펴낸곳 청림출판㈜
등록 제1989-000026호

본사 06048 서울시 강남구 도산대로 38길 11 청림출판㈜ (논현동 63)
제2사옥 10881 경기도 파주시 회동길 173 청림아트스페이스 (문발동 518-6)
전화 02-546-4341 **팩스** 02-546-8053
홈페이지 www.chungrim.com **이메일** life@chungrim.com
블로그 blog.naver.com/chungrimlife **페이스북** www.facebook.com/chungrimlife

ISBN 979-11-88700-51-6 (13590)

※ 이 도서의 국립중앙도서관 출판예정도서목록(CIP)은 서지정보유통지원시스템 홈페이지(http://seoji.nl.go.kr)와 국가자료종합목록시스템(http://www.nl.go.kr/kolisnet)에서 이용하실 수 있습니다. (CIP제어번호 : CIP2019037714)